U0297894

我们的宇宙

WOMEN DE YUZHOU

李敏◎编著

行走月球

大连出版社
DALIAN PUBLISHING HOUSE

© 李敏 2018

图书在版编目（CIP）数据

行走月球 / 李敏编著. 一大连：大连出版社，2018.1（2024.5重印）
（我们的宇宙）
ISBN 978-7-5505-1255-9

Ⅰ.①行… Ⅱ.①李… Ⅲ.①月球探索－青少年读物
Ⅳ.①V1-49

中国版本图书馆CIP数据核字(2017)第227459号

策划编辑：张　斌
责任编辑：张　斌　李玉芝
封面设计：琥珀视觉
图片支持：壹图网
责任校对：金　琦
责任印制：刘正兴

出版发行者：大连出版社
　　　　　　地址：大连市西岗区东北路161号
　　　　　　邮编：116016
　　　　　　电话：0411-83620245 / 83620573
　　　　　　传真：0411-83610391
　　　　　　网址：http://www.dlmpm.com
　　　　　　邮箱：dlcbs@dlmpm.com
印 刷 者：永清县晔盛亚胶印有限公司

幅 面 尺 寸：160 mm×220 mm
印　　　张：10
字　　　数：157千字
出 版 时 间：2018年1月第1版
印 刷 时 间：2024年5月第4次印刷
书　　　号：ISBN 978-7-5505-1255-9
定　　　价：45.00元

版权所有　侵权必究
如有印装质量问题，请与印厂联系调换。电话：0316-6658662

目 录

◀ 月球原来是这样的 / 1

　月球的起源 / 2

　月球的年龄 / 5

　伽利略撩起了月球的面纱 / 6

　月球的运动 / 7

　月球的内部构造 / 10

　月球是一个没有生命活动的世界 / 12

　寻找月球上的水 / 12

　没有大气层的月球 / 13

　月面温度变化剧烈 / 14

　月球"借"光发亮 / 14

　月球的色彩 / 15

　月面上神秘的红光 / 16

　月面上的小玻璃珠 / 18

　名不副实的月海 / 19

　月面上唯一的"洋" / 22

　独一无二的雨海 / 23

　月面最显著的特征 / 24

　环形山的分类和命名 / 27

保持多项纪录的第谷环形山 / 29

月球的山脉名副其实 / 30

幽静的月谷 / 31

月球遍地都是宝 / 33

月球岩石的奇妙之处 / 34

月球岩石的主要类型 / 35

月球岩石的成分 / 36

月球是否存在磁场 / 37

在地球上看不到月球的背面 / 39

打开月球背面神秘的大门 / 39

月球背面的世界也精彩 / 40

月有阴晴圆缺 / 41

月球上的质集现象 / 44

月面上的辐射纹很壮观 / 45

摇摆中的平衡 / 46

月球是否有过自己的卫星 / 48

"熄灭了"的星球 / 49

奇妙的"月球钟声" / 50

月球引力对地震的影响 / 53

什么是月震 / 55

月食是这么一回事 / 56

都是月亮惹的祸 / 59

◀ 人类登月活动 / 63

　吸引力和诱惑力所在 / 64

　人类登上月球能做些什么 / 64

　苏联人捷足先登 / 65

　美国人后来居上 / 70

◀ 人类航天活动 / 119

话说航天器 / 120

航天器家族的"劳动模范" / 123

宇宙飞船的用途和组成 / 124

航天飞机的性质和结构 / 125

发展载人航天的意义 / 127

载人航天活动的发展过程 / 129

载人航天的技术难题 / 129

空间站的作用和特点 / 131

发射空间站的国家 / 132

国际空间站 / 133

国际知名的载人宇宙飞船 / 133

载人飞船史上的几起重大事故 / 139

航天飞机史上的重大事故 / 144

航天员生活探秘 / 145

首位在太空中行走的中国人 / 153

美国决心登月 / 73

20 世纪人类最宏伟的工程之一 / 75

光荣的"阿波罗 11 号"飞船 / 81

日本的探月计划 / 83

欧洲人的"灵巧" / 86

中国人的"嫦娥" / 87

航天员眼中的月球 / 93

建立梦想家园 / 96

打造"末日方舟" / 98

"月环"太阳能发电带 / 99

在月球上建天文观测台 / 102

在月球上栽种植物 / 104

人类怎样移居月球 / 104

◀ 走向宇宙的"大功臣"——火箭 / 107

火箭的起源和发展 / 108

俄罗斯航天之父 / 109

现代火箭技术之父 / 110

现代航天学奠基人之一 / 112

美国运载火箭阵容庞大 / 113

俄罗斯运载火箭王牌多 / 115

欧洲人的"阿里安"系列 / 116

中国的"长征"系列 / 117

月球原来是这样的

YUEQIU YUANLAI SHI ZHEYANG DE

月球的起源 >>

　　月球，俗称月亮，古称太阴。它与地球形影相随，是离地球最近的天体，也是人类至今唯一亲身访问过的天体。自古以来，它在人们心目中的地位仅次于太阳。世界上没有一个民族不对月球抱有浓厚的感情。在古代希腊、罗马和埃及的神话故事里，月亮女神都是美丽、善良、勇敢的化身。如古希腊神话故事里的月亮女神阿耳忒弥斯，不但容貌漂亮，而且武艺非凡，经常背负灵巧有力的弓弩，在深山密林中巡游狩猎，所以又是主管狩猎的女神。在中国民间，"嫦娥奔月""吴刚伐桂""玉兔捣药"等故事广为流传，家喻户晓。在中国历代诗歌中，以月亮为题抒情感怀的作品不胜枚举，月亮又有着玉兔、夜光、素娥、冰轮、玉轮、玉蟾、桂魄、蟾蜍、顾兔、婵娟、玉弓、玉桂、玉盘、玉钩、玉镜、冰镜、玉羊等动人的雅称。

　　千百年来，人类一直在苦苦地探索着月球的起源，并在这个问题上提出许许多多的假说。天文学界认为，如果抛开那些不着边际的神话和传说，将18世纪以来的月球起源假说归纳起来的话，主要有"同源说""分裂说""俘获说""撞击说"四种类型。

◆ "同源说"

　　"同源说"最早是由18世纪的法国博物学家布丰提出的。他推测地球和月球很可能是在同一个时期，在相同的地质和自然条件下产生的。后来他的支持者又进一步提出新观点，认为地球和月球是由同一块尘埃云凝聚而成的，它们的化学成分之所以不同，是因为原始星云中的金属粒子在行星形成以前就已经先行凝聚成团，地球形成时便以大团的铁作为核心部分，并且在外围吸积了许多密度比较小的石物质。而月球的形成要稍微晚于地球，它主要是由残留在地球周围的非金属物质聚集而成。按照这个假说，地球和月球应该是一对同卵孪生兄妹。

近年来，天文学家们通过对"阿波罗12号"飞船从月球上带回来的岩石样品进行化验分析发现，月球比地球要古老得多。如果真的是这个样子的话，"同源说"可就要站不住脚了。

◆ "分裂说"

"分裂说"是由英国著名生物学家、进化论创始人达尔文的儿子乔治·达尔文提出的。1898年，他发表了一篇题目为《太阳系中的潮汐和类似效应》的文章，提出了这么一个观点：月球本来是地球的一部分，后来因为地球转速太快了，在离心力的影响下，竟然把地球赤道区的一部分物质甩了出去，这些物质脱离地球后形成了月球。而它们原来在地球上的位置形成一

乔治·达尔文

个大坑，这个大坑一直没有被其他物质填补，就成了现在的太平洋。按照"分裂说"，地球和月球的关系应该是母子关系。

有不少人对"分裂说"表示赞同。而持怀疑态度的人认为，虽然月球的体积和太平洋水的体积确实相差无几，但是如果月球真的是从地球赤道区甩出去的，那么它围绕地球公转的轨道平面就应该和地球的赤道平面几乎重合，可实际上这两个平面相交的角度超过了5度。其次，如果月球真的是从地球分裂出去的，那么它们二者的组成物质成分就应该是一致的。但是通过对"阿波罗12号"飞船从月球上带回来的岩石

月球原来是这样的

样品进行化验分析，发现二者相差甚远。再者，近年来对太平洋底部的研究证明，它与其他海洋底部的结构相同，由洋底沉积的厚度以及沉积的速度来看，太平洋的年龄不过1亿年左右，和月球的年龄相差悬殊。

◆ "俘获说"

"俘获说"是由瑞典的天文学家阿尔文等人提出的。他们认为，月球在很久很久以前只是太阳系中一颗微不足道的小行星。它的运行轨道和地球的运行轨道有一个最近点。有一天，当它们都运行到这个最近点时，地球忽然一反常态，以其巨大的引力呼啦一下子"俘获"了月球，使之成为自己的卫星，不管月球怎么挣扎也没能够脱离地球。

应该说，"俘获说"比较合理地解释了月球和地球之间的关系。但也正像反对者讲的那样，这个假说存在明显的缺陷。众所周知，地球的直径只是月球直径的3.7倍，二者的差距并不悬殊，地球如果要"俘获"月球这么大的星球，恐怕是力不从心的。况且，在月球形成的几十亿年中，曾经有比地球大的行星经过月球，它们怎么就没有把月球"俘获"呢？

◆ "撞击说"

在以上三种假说全都无法自圆其说的情况下，有的天文学家提出了"撞击说"。这种假说认为，在太阳系演化的早期，星际空间曾经形成大量的星子，这些星子通过互相碰撞、吸积而慢慢地壮大起来。它们在合并形成一个原始地球的同时，还形成了一个相当于地球质量0.14倍的天体。由于这两个天体相距不是很远，所以相遇的机会很大。一个偶然的机会，那个小的天体以大约每秒5千米的速度撞向了地球。剧烈碰撞的结果是两败俱伤，地球的地轴倾斜了，大量尘埃和气体离它而去，它无奈地改变了运动状态。那个小天体就更悲惨了，它彻底破裂了，所散发出的尘埃和气体到处流浪。它们与飞离地球的那些气体和尘埃在地球引力的控制下，通过相互的吸积而结合起来，先形成几个小月球，再经过不断吸积，最终形成一个大月球。

"撞击说"在某种程度上兼具前面三种假说的优点。只是科学家们认为这种假说还缺乏足够的证据，需要进一步的论证和完善，因而还不能够下结论。

如今，随着科学技术的突飞猛进，天文学家在月球研究方面取得了大量更新、更丰富的科研成果。但是对于月球的起源这个十分古老的问题，还是没有定论。相信随着人类认识的不断深化，月球的起源一定会弄清楚的。

月球的年龄 ▶▶

科学家分析"阿波罗 14 号"飞船带回的月球土壤碎片发现，月球

月球原来是这样的

至少存在了 45.1 亿年，而非过去预计的 1 亿年，月球的产生时间只比太阳系晚 3000 万 ~5000 万年。这是迄今为止有关月球年龄的最精确的测量结果。研究人员分析了月岩中钨 –182 同位素的数量，钨 –182 同位素有一部分是由放射性同位素铪 –182 衰变产生的，而铪 –182 在地质学标准上衰变非常快。钨 –182 的数量能够给出相对精确的有关岩石年龄的信息。此前对月球年龄的估计，仅是凭借少量月球岩石的分析得出的粗略数据，只能确定月球应该在太阳系诞生后 1 亿年内产生。而这次研究得出的月球年龄数据，误差范围仅仅在 1000 万年左右。专家说，这一数据符合目前常用的月球形成理论，同时也支持地球形成时间的理论。

伽利略撩起了月球的面纱 》》

17 世纪初，意大利天文学家伽利略发明了天文望远镜，为人们揭开了月球的面纱。当伽利略把他的望远镜瞄准深邃遥远的苍穹时，他惊奇地发现，月球并不像人们所想象的那样是一个洁白无瑕的光滑天体，而是有明有暗，疤痕累累，有些地方起伏得非常厉害，而且那些明亮的部分不断地改变颜色。此外，伽利略还借助望远镜，通过月球上亮的和暗的部分的移动，发现了月球自身并不能发光，而是反射太阳光。1610 年，伽利略出版了他的著作《星际使者》，向全世界公布了他的一系列观测结果。伽利略望远镜的发明，是天文学研究中具有划时代意义的一次革命，它宣告几千年来天文学家单靠肉眼观察日月星辰的时代结束了，取而代之的是光学望远镜。这种有力的武器，打开了近代天文学的大门。

月球的运动 》》

◆ 月球的公转

月球以椭圆轨道绕地球进行圆周运动，被称为月球的公转。它与地球的平均距离约为38万千米，这一距离大约相当于地球直径的30倍；换句话说，月球围绕地球运行的轨道周长大约为240万千米。月球在这样长的轨道上以平均每秒大约1.02千米的速度运行，运行一周需要的时间约为27.32天，这一时间在天文学上被称为恒星月。

月球围绕地球公转有着三个显著特点：

（1）月球围绕地球所走的椭圆在它的轨道平面里不是固定的。这个椭圆绕着地球在月球的轨道平面里沿正方向，也就是月球运行的方向运动，其长轴3232天转一周。

（2）月球绕地球运行的轨道（即白道）不是在地球绕太阳运行的黄道平面里，正因为如此，不是每逢新月就有日食，每逢满月就有月食。白道的平面和黄道的平面相交呈5度多的交角。这两个平面的交线叫交点线。这条交点线也不是固定的，每一个交点18年224天沿相反方向在黄道上转动一周。

（3）黄道和白道两平面的交角不是一成不变的，它们也是在变化的，这一交角的平均值是5度8分48秒，常在极小值5度0分1秒和极大值5度17分35秒之间摆动，周期为173天。

◆ 月球的自转

月球和地球分别绕着它们各自的质心进行自转。由于月球自转的

周期恰好等于它绕地球公转的周期，而且运转的方向都是自西向东，因而人们在地球上永远只能看到月球的一面，这一面被称为月球正面。另外半个球总是背向地球，即月球背面。但是，由于月球的天平动，人们从地球上实际可以观测到的月球表面达到了 59%。同时，由于地球的自转，人们每天可以看到月球的"东升西落"，不过月球每天升起的时间都比前一天平均推迟 50 分钟。这是因为在地球上某一点某一时刻看到月球升起后，当地球自转一周时（第二天同一时刻），月球围绕地球运动已经离开了原来的位置，向东运行了约 13 度，地球要再自转约 13 度，即约 50 分钟后才能看到月球，所以月球升起时间平均每天推迟 50 分钟。此外，由于地月几何关系的原因，在地球上观看月球起落的时间也会受影响。

◆ 潮汐作用

影响月球运动的因素有很多，其中潮汐作用是重要的因素之一。由于地月间距离相对较近，这种潮汐作用更为明显。太阳系天体中，月球对地球的潮汐作用约为太阳对地球潮汐作用的 2.2 倍，并远远大于其他天体对地球的潮汐作用。天文学家已经发现，月球的潮汐作用使得地球自转变慢，一天时间变长，平均每一百年一天的长度增加近 0.002 秒。同时，由于地球自转变慢，月球缓慢向外做螺旋运动，目前月球正以每年 3～4 厘米的速度远离地球。同样道理，地球对月球的潮汐作用，使得月球自转周期变得与其公转周期相同。

拜塞尔的新观点

美国地球物理学家阿瑟·拜塞尔提出了"月球行星论"。他认为近代太阳系形成学说确认月球是个"正统"的行星，实际上月球和地球是双星系统的关系，而绝不是月球从属于地球的母子关系。他的证据是：（1）在形成年代上，月球略早于地球；（2）地、月的直径比和质量比相差不多，卫星与主体行星之间这样大的比值在太阳系中"只此一家"；（3）地球属于类地行星，而类地行星除地球和火星以外，其他的都无卫星；（4）月球并没有绕着地球旋转，而是伴着地球旋转。在太阳系中，其他行星的公转轨道都是比较光滑的图形，唯有地球的公转轨道是波浪般的图形。

拜塞尔的观点在天文学界产生了一定的反响。一些天文学家对此持有异议，如我国天文学家刘炎认为，这个结论过于武断。月球形成的年代是否早于地球至今尚无定论，而且即使承认月球的"年岁"大于地球，也不能就由此推论月球不是地球的卫星。因为关于卫星和主体行星的"年岁"是一种历史上的月地关系，而月球是不是地球的卫星，却是一个卫星的概念和定义的问题，是一种现实的月地关系。月球的质量虽大，但还是在其作为地球卫星所应有质量的范围之内；而月球相伴地球旋转、地球轨道波浪形起伏，也完全符合力学规律。月球在它漫长的演化史上很可能曾经是一颗行星，但它现在确确实实是一颗卫星。

月球的内部构造 》》

科学家们通过月震波的传播来了解月球的内部构造，根据月震的探测数据发现，月球内部也具有层圈结构，从月表到中心，月球依次可分为月壳、月幔和月核三层圈。

◆ 月壳

月壳可分为两部分，分别为由斜长岩组成的高地月壳和由玄武岩组成的月海月壳。不同区域的月壳厚度是不同的，一般情况下，正面月壳厚度平均约为 50 千米，背面月壳厚度平均约为 74 千米。

◆ 月幔

月幔是月球的主要组成单元。根据天然月震和陨星撞击事件的记录，月幔的范围至少可以延伸至 1000 千米的深度，穿过此深度后，月震波速很快衰减，表明其内部物质是不均一的，有可能存在熔融层，因此月幔被分为上月幔、下月幔和衰减带。上、下月幔的界面在约 500 千米深度处，而下月幔与衰减带界线的深度约为 1000 千米。上月幔主要由辉石组成，橄榄石为次发矿物；下月幔的矿物组成与之相同，但橄榄石比辉石多。在约 1000 千米的深度，岩石发生了部分熔融，是深层月震的发源地。月幔的温度约为 500 摄氏度。

◆ 月核

从月球表面约 1000 千米以下的月球中心区域称为月核，它厚约 700 千米，温度可达 1600 摄氏度。月震数据表明，月球不可能像地球一样有一个高密度的铁镍金属核，而可能是由热的、具有一定可塑性的、部分熔融的硅酸和铁、镍、硫所组成的层圈，相当于地球的软流圈。

惊人的理论

苏联的两位天文学家柴巴可夫和米凯·瓦辛在 1970 年提出了一个解释月球起源的"太空船月球理论"。他们认为，月球事实上不是地球的自然卫星，而是一颗经过某种智慧生物改造的星体。这些智慧生物将其改造成太空船，其内部载有许多该文明的资料，月球是被有意放置在地球上空，因此所有关于月球的神秘发现，全是至今仍生活在月球内部的高等生物的杰作。

这个理论令人震惊，因为人类至今没有找到具有高等智慧的外星人，但确实有许多资料显示月球应该是空心的。其中最令天文学家们不解的是，登月者放置在月球表面的月震仪显示震波只是从震中央向月球表层四周扩散出去，而没有向月球内部扩散，这个事实表明月球内部是空心的，只有一层月壳而已，因为若是实心的话，震波也应该朝内部扩散才对。

月球原来是这样的

月球是一个没有生命活动的世界 》》

　　人们过去曾经认为月球表面和地球表面的自然环境是一样的，在我国民间广泛流传着玉兔、桂树、月宫、嫦娥与吴刚的美丽神话。而当航天员身临其境后却发现，那里与地球表面的自然环境大不相同，没有任何生物，就连细菌之类的低等生物也不存在，是一个无风、无水、无声响、无生物、冷热剧变的荒凉世界。月球上为什么没有生物呢？道理很简单，因为月球上没有空气，也没有水，而且还受到了来自太阳的强烈辐射，自然不会有生物。

寻找月球上的水 》》

　　1961 年，一些天文学家首次提出月球上可能存在水冰的理论，但随后的 7 次美国"阿波罗"登月考察活动，都没有发现月球上存在任何形态的水，在对月球的岩石分析中也没有发现水的影子。天文学界就此认为月球上是干燥无水的。

　　1998 年 7 月 31 日，无人探测宇宙飞船"月球勘探者号"撞击月球南极无名环形山山口，执行探水任务。专家们预测，如果撞击点区域确实有水冰存在的话，"月球勘探者号"撞击所产生的高温将使存在于月球土壤和岩石中的水立即汽化，以蒸汽的形式挥发出来，随着崩裂的月岩碎片抛射到半空中，形成一片短暂存在的极其稀薄的"云"。此时，这些已亿万年"不见天日"的水分子在毫无掩蔽的强烈阳光的直接照射下将立即分解成氢离子及氢氧根离子。然而，令人遗憾的是，期待中的水汽云没有出现。

2009 年 10 月 9 日，美国月球陨星坑观测与传感卫星及其运载火箭——半人马座火箭按照计划撞向了月球南极地区一个预先被选定的陨星坑。美国航空航天局希望通过此举探知月球表面下是否有水，好为今后航天员重返月球、建立月球基地做准备。结果，这一次还是让他们大失所望：成功撞击之后，还是没有看到水汽云。

没有大气层的月球 》》

月球微弱的重力使它保留不住大气层，由于在阳光照射下，轻的气体分子的热运动速度会大于逃逸速度，因而纷纷飞散到星际空间里去。虽然从月球表面之下不时有小股气体逸出，但月球只能保留住像氩、氖那样相对分子质量较大的气体，而且这些元素非常稀少。因此可以说，现在的月球没有大气，更没有大气层。

月球没有大气，又没有水，因此不会风云变幻，没有雾雹霜露和雨雪等，地球上的种种天气现象在那里都不存在。月球表面的气候非常恶劣，温度忽高忽低，昼夜温差极大。由于没有大气的阻挡，在月球上看到的太阳要比在地球上看到的太阳明亮刺眼得多。由于没有大气，阳

月球原来是这样的

光直射在月球表面也不会产生折射和反射，因此在那里永远看不到高远的蓝天，即使是在阳光普照的白天，天幕也是一团漆黑，星星就像一颗颗夜明珠似的镶嵌在黑丝绒似的天幕上，不会闪烁。另外，没有大气层的月球处于一种高度真空的状态，在那里声音无法传播，两个人面对面说话都听不见，即使大喊大叫也无济于事。

月面温度变化剧烈 》》

月球上没有大气层，也没有水，加上昼夜间隔时间很长，以及月面物质的热容量和导热率低，因而月球表面的温度变化非常剧烈。在阳光直射的地方，温度可高达 127 摄氏度，而当太阳没入月平线以后，它的温度便直线下降，到了夜间最冷时，温度最低会降到零下 183 摄氏度，昼夜温差极大，令人难以想象。那么，月面土壤中的温度又是什么样的呢？科学家们通过射电观测方法来测量月面土壤中的温度，发现月面土壤中较深处的温度非常稳定，很少发生大的变化，其原因主要是月面物质的导热率过低。

月球"借"光发亮 》》

月球自身并不能发光，它是靠反射太阳光发亮。"借"了光的月球，平均亮度为太阳亮度的 1/465000，亮度变化幅度为 1/630000~1/375000。根据文献资料记载，早在距今 1800 多年前的汉代，中国著名天文学家张衡就提出了月球本身不发光，它的光是月球反射的太阳光的观点。宋代著名学者沈括进一步指出：月球的形状像一颗弹丸，太阳照耀才发出光来。开始时，太阳是在月球的旁边，光是从一侧照耀它的，这时人们就看到了"月如钩"的情形，之后由于太阳渐渐离得远了，阳光变为斜照，月球也就慢慢地变得"丰满"起来。据说，沈括当时还用一个半边涂了白粉的球做实验，从侧面看去，涂粉的地方好像一个弯钩，而从正面看去，却是一个正圆。由于张衡和沈括只是提出了理论，并没有使人们看到实际情况，因此他们的学说流行的范围不广。意大利天文学家伽利略发明天文望远镜后，人们可以用天文望远镜观察到实际情况，于是月球"借"光发亮的说法得到了普及。

月球的色彩 》》

月球上物体的色彩很单调，只有白色与黑色两种。受到阳光照射的物体都是白色的，而其余的一切几乎都是黑色的。

人们在观察蛾眉月现象时惊喜地发现，月球除了被照亮的月牙部分以外，其余部分也不是全黑的，泛着灰黄暗淡的光芒，好像是月牙拥抱着微弱的"灰光"。人们把这种现象称为"新月抱旧球"。这是怎么一回事呢？

天文学家发现，不仅月球能够反射太阳光照亮地球，地球也能够反射太阳光来照亮月球。这个"灰光"就是地球把太阳光反射到了月面上，再由月面反射回地面的结果。这个"灰光"的颜色还时常会发生变化，比如当地球上浩瀚的海洋部分面向月球时，"灰光"是浅蓝色的；而当地球上大陆的部分朝向月球时，"灰光"就变成淡黄色了。

赏月时要走出的误区

中秋佳节的晚上，人们喜欢聚集在一起"举杯邀明月"。有不少人认为，中秋是赏月的最好时机，其实未必如此。有专家提醒说，人们在中秋赏月时要走出习惯思维的误区。

误区一："月到中秋分外明"。秋季天气晴朗，月亮显得明亮，但决定月亮亮度的因素除了天气外，还有地平高度。每年冬至前后子夜时分的月亮地平高度最大，因此"冬至月"要比"中秋月"明亮许多。

误区二："八月十五月最圆"。月亮运行到与太阳呈180°角的位置时才最圆，但这个时机不一定赶在每个农历十五这一天，有时会赶在十四、十六甚至十七。

误区三："中秋赏月好时机"。其实，观测月亮，中秋并不是最佳时机。根据天文学家们的经验，使用天文望远镜观察月亮上的山脉、平原和大峡谷，最好选在农历初八至十二的夜晚进行。因为月圆时阳光从正面照射，除少数大陨星坑和平原外，其他地形反而看不清楚了。

月面上神秘的红光 >>

虽然月球是一个沉寂的星球，但是这并不意味着月面上什么都不会发生，神秘的红光就是一例。

◆ 赫歇尔观察到异象

1787 年，一位叫赫歇尔的英国天文学家从望远镜里观察到了一种非常奇异的现象：在月球表面倏忽出现一个闪烁着暗红色光芒的亮点，它持续的时间很短暂，好像是一种有意发出的发光信号。这一发现在天文学界引起极大的震动，那些坚信月球上有智慧生物的人更为振奋。

从此以后，随着天文望远镜的不断改进与完善，研究月球的天文学家们也越来越清楚地观察到了这种神秘的红光。

苏联天文学家柯兹列夫在 20 世纪 50 年代和 60 年代初先后三次从两座环形山的山口和中央发现了这种神秘的红光。它们大都持续 10 多分钟后便突然消失了，且不留下任何痕迹。

1963 年，美国的两名天文学家和助手们在观测和绘制阿里斯塔克环形山及其附近的月面图时，于一个多月的时间内，先后两次在这片区域里发现了这种神秘的红光，其中最长的红光大约有 19 千米，宽约 2 千米，存在时间最长达到了 75 分钟。由于时间比较充裕，他们还拍摄了许多照片。

迄今为止，天文学界已经记录了 1400 多次这种奇异的红光现象，他们将其列为月球"短暂的现象"之一。

◆ 神秘的红光究竟是什么

是月球上智慧生物发出的某种信号吗？根据人类对月球进行的探测，科学家已证实月球表面不仅没有高级的智慧生物，就连低级的生命形态也不存在。

是月球上的火山爆发吗？人们已经知道，月球上并无可能爆发的活火山。而且无论是地面观测，还是航天员亲临月球考察，都没有找到

月球原来是这样的

新喷射出来的熔岩痕迹，也没有看到月面局部有所改变。

是地球大气干扰产生的假象吗？不少富有经验的天文学家运用性能优良的天文望远镜一再观测到月面上的红光，说明这一现象不是被地球大气干扰产生的假象。那么它究竟是什么呢？这还需要天文学家们继续探索。

月面上的小玻璃珠 》》

第一批登陆月球的美国航天员阿姆斯特朗等人踏上月面后，发现月面上覆盖着一层厚度不均的、多孔的火山灰性质的土壤，厚的地方可达 30 多厘米，薄的地方也有好几厘米，但土壤并不是想象的那样松软，他们踩在上面的脚印不到 1 厘米深。让他们感到惊讶的是，在月面上行走时，脚底下很滑，就好像走在滚珠轴承上。当时他们不知道这是怎么回事，便把从月球表面取来的土壤样品带回地球，寻找走路发滑的原因。

原来，月球表面的土壤中含有很多带有色彩的玻璃质的小珠子，

它们的规格很小，甚至连半毫米都不到，用肉眼很难看到。把它们放在显微镜下观察，可以发现它们的形状比较接近于球形或椭球形，表面上还有一些矿物碎片和不同形态的颗粒。此前

没有人类涉足月球，这些小玻璃珠是天然形成的。由于月球上没有空气和水，这些天然玻璃珠不会被侵蚀，能够保持原状达数亿年之久。

◆ 月面上小玻璃珠的由来

最初有人推测，这些小玻璃珠可能是火山喷发物经过冷却后形成的，也有人认为可能是流星体撞击月面后产生高温高压，熔化了岩石，向四周飞溅形成的。

生产人造玻璃的主要原料是石英砂、纯碱、长石和石灰石，还有少量的硝石（主要成分硝酸钾），而这些原料在月球上并不缺乏。当炽热的岩浆恰好把这些原料合乎比例地熔融后，再经过冷却就会形成天然玻璃。

所以，以上两种推测是合乎科学道理的，但是它很快就被有关实验所否定。在地球实验室里对取自月球的小玻璃珠标本进行实验时发现，要想使熔化物重新形成玻璃珠，冷却速度必须大于每秒537摄氏度。很显然，即使在温度较低的月球上，岩浆也不可能有这么快的冷却速度。

这样一来，天文学家们就不得不另辟蹊径了。结果，虽然下了很大的气力，但是迄今为止，天文学家们还是没有能够弄清楚小玻璃珠的成因。

名不副实的月海 》》

很久以前，当人们用肉眼观察月球时，认为那些大的暗淡黑斑可能是月球上的海洋，小的可能是月球上的湖和湾，于是就想当然地以此给它们命名。后来，人们发现月球上的海洋和湖湾根本连一滴水都没有，它们实际上是一些面积大小不同的平原和低地。它们之所以显得比较阴暗，是因为地势低洼，而且其中广泛分布着熔岩流形成的比较年轻的岩石，对太阳光的反照率较低。但是由于历史的原因，"月海"这个名不副实的名称还是被保留了下来。

◆ 月海的分布

月海是月球表面的主要地理单元之一，迄今已知的月海有 22 个，面积占全月面积的约 25%。它们分布很不均匀，其中有 19 个分布在月球的正面（面向地球的一面），面积约占半球面积的 50%。它们分别是风暴洋、雨海、澄海、静海、酒海、危海、冷海、云海、汽海、湿海、知海、蛇海、浪海、界海、岛海、泡沫海、丰富海、史密斯海和洪堡海。而背面的月海只有东海、莫斯科海和智海 3 个，且面积很小，仅占半球面积的约 2.5%。

为什么月海会出现这种分布不均的现象呢？有天文学家认为，这是地球的引力在作怪。由于月球的一面永远面向地球，历经亿万年的引力影响之后，月球的质心会比形心更接近地球。所以月幔更容易从近地面流出，使近地面的撞击坑更容易被玄武岩岩浆所"灌溉"，从而就导致了分布不均的现象。

◆ 月海的特征

月海类似于地球上的盆地，它比月球平均水准面低 1~2 千米，如静海和澄海比月球平均水准低 1.7 千米左右。最低的是雨海东南部，深度超过 6 千米。大多数月海具有圆形封闭的特点，周围是山脉。正面的月海多数是相互沟通的，形成一个以雨海为中心的更大的环形结构。背面的月海都是独立存在的，没有互通的。月海中面积比较大的有风暴洋、冷海、澄海、丰富海、危海和云海等。其中位于月球正面西北部的风暴洋面积最大，约228万平方千米。当年"阿波罗12号"就是在这里着陆的。而静海的面积虽然较小，但是它的知名度却不低，是当年美国宇宙飞船"阿波罗11号"的着陆点。

◆ 月海的成因

观点一：小天体撞击月球时，由于月壳被撞破，月幔流了出来，大量的玄武岩岩浆覆盖了低地，于是形成了月海。

观点二：根据对月球各类岩石成分、构造与形成年龄的分析，科学家认为月球在形成后曾经通过岩浆的熔离过程和内部物质调整，大约于41亿年前形成了斜长岩月壳、月幔和月核。在40亿~39亿年前，由于遭受到了小天体的剧烈撞击，形成了广泛分布的月海盆地。在39亿~31.5亿年前，月球还发生过多次剧烈的玄武岩喷发事件，大量的玄武岩填充了月海，厚度达0.5~2.5千米。月海就是经过这样一番"折腾"而形成的。

月面上唯一的"洋" »

风暴洋是月球上最大的月海，是一片广阔的灰色平原。不知为什么，科学家在给月海命名时，唯独给了它一个"洋"字——可能是因为它的面积最大，也可能是因为想到月海形成所经历的"天翻地覆"的过程。

◆ 风暴洋的特征

风暴洋主要由远古火山喷发形成的玄武岩构成，岩石年龄 32 亿~40 亿年，此外还有含钾、稀土及含磷酸盐较高的特殊岩石克里普岩。它位于月球正面西北部，南北向最大距离约 2500 千米，东西向最大距离约 2900 千米，总面积约 228 万平方千米。其地形多变，地势复杂，和月面西部的雨海、知海、湿海、云海及北部的冷海相通，构成一幅极其浩瀚壮观的图景。

◆ 风暴洋中的环形山

人们在观赏明月时常常会被月面几处具有明亮辐射纹的亮斑所吸引，这些辐射纹中心的亮斑就是环形山。风暴洋内有许多著名的环形山，如第谷环形山、哥白尼环形山、开普勒环形山和阿里斯塔克环形山。它们像四颗光彩夺目的明珠，美丽的辐射纹在暗灰色洋面背景衬托下，显得格外迷人。其中第谷环形山的辐射纹最清晰。哥白尼环形山由于位于月面的中心附近，它那直径约 1200 千米的辐射纹显得特别清楚。阿里斯塔克环形山的辐射纹虽然只有长约 430 千米，但它有时能够发出奇异的光辉。苏联天文学家曾于 1958 年拍摄了它发出粉红色光辉的光谱照片。美国的载人飞船在 1969 年 7 月 21 日环绕月球运行时，航天员发现了它发出的荧光。至于它为什么会发出短时间的奇异光辉，目前还没有确切的解释。有的天文学家认为这是从环形山中喷出的气体，有的则认为这是由太阳射出的质子流引起的。

◆ 人类在风暴洋上的活动

人类在风暴洋上活动比较频繁。1969 年 11 月 19 日，美国"阿波罗 12 号"载人飞船在风暴洋着陆。航天员皮特·康拉德和艾伦·宾出舱活动两次，共 7 小时 45 分钟，带回了 34.35 千克的月岩和月壤的样品。

1971 年 2 月 5 日，美国"阿波罗 14 号"载人飞船在风暴洋中的弗拉摩洛高地着陆，航天员在月面活动了 9 小时 22 分钟，最远活动范围为 3.6 千米，使用手推车在 3 个地方采集了 42.28 千克重的样品，其中大部分为长石质的角砾岩。

此外，"月球 9 号""月球 13 号""勘测者 1 号""勘测者 3 号"等无人月球探测器也都先后在风暴洋进行软着陆。

独一无二的雨海 ≫

雨海由意大利天文学家里乔利于 1651 年命名，总面积大约为 88.7 万平方千米，在 22 个月海中仅次于风暴洋。它东邻澄海，西邻风暴洋，北部与东西走向的冷海为邻，南部同以著名的哥白尼环形山为中心的高地和伸向陆地的浪湾毗连。

◆ 雨海的地势特征

雨海以典型的环形结构和复杂的地势而闻名。它以环形月海著称，和风暴洋、澄海、静海、云海、酒海及知海构成了一个月海带。从地形角度看，它是封闭的圆环形，被群山环抱，属于盆地结构。目前已知整个月球上有 15 条山脉，而雨海周围就有 9 条，这在月海中是独一无二的。

在雨海区域内，坐落着以科学界著名人物阿基米德、哥白尼等人的名字命名的具有不同演化阶段特征的环形山。一些知名的月谷和月溪也位于雨海之中，如阿尔卑斯月谷、哈德利月溪等。可以说，雨海区域具有多种类型的月面构造，因此很早就引起了人类的重视。

◆ 雨海的成因

雨海是怎么形成的呢？这不仅是一个迷人的问题，也是月面学所要研究的重要课题。有一种观点认为，雨海是在 39 亿年前一颗直径约 100 千米的小天体（陨星或小行星）撞击月面的结果，当时大量的抛射物堆积在雨海周围，形成一系列山脉，如侏罗山脉、阿尔卑斯山脉、高加索山脉、亚平宁山脉和喀尔巴阡山脉等。

月面最显著的特征 》》

如果用天文望远镜观测月球表面的话，就会看到上面除了那些高山和平原之外，还密布着大大小小的圆形凹坑，称为月坑。大多数月坑的周围环绕着高出月面的环形山，它们占据了月球表面相当大的面积。环形山这个名字是伽利略起的，其英文为 crater，希腊文的意思是"碗"。

◆ 环形山的地貌特征

环形山是月球表面最显著的特征，它们的形状各不相同，非常有趣。环形山外围大都是一圈山环，高度一般为 7~8 千米，内坡比较陡峭，外坡比较平缓，中央地势低平。有些环形山的周围向外辐射出许多明亮的条纹，有的大环形山内再套一座小环形山，有的大环形山中央有一个很深的坑穴，如牛顿环形山的中心坑穴深达 8788 米，是最深的环形山。许多环形山的中心区有中央峰或中央峰群。

◆ 环形山的分布

月球表面的环形山分布不均匀。月球背面的环形山密密麻麻，一座挨一座，而月球正面却少得多。目前已知月球正面直径大于 1 千米的环形山有 33000 多座，占月球表面积的 7%~10%。其中最大的是位于月球南极附近的贝利环形山，它的直径约为 295 千米。

◆ 环形山的成因

关于环形山形成的原因，天文学界目前有两种对立的说法，分别为"火山说"和"撞击说"。

"火山说"：月球形成不久，月球内部的高热熔岩与气体冲破表层喷射而出，就像地球上的火山喷发。它们开始时威力较强，熔岩喷得又高又远，最后堆积在喷口外部，形成了环形山。后来喷射威力逐渐减弱，

喷射堆积只发生在中央底部，形成了小山峰，就是环形山中的中央峰。有的火山熄灭较早，或没有再次喷射，就没有中央峰。

但是，许多人对此观点表示怀疑，他们认为地球上最大的阿苏山喷火口，其直径也不过 20 千米，而月球上竟然有直径在 100 千米以上的大环形山，与地球相比，月球上的喷火口未免大得出奇。主张"火山说"者解释说，因为月球的引力小，仅仅为地球的 1/6，所以稍微一喷火，就喷开了一个大口子，形成一座大环形山是完全可能的。

"撞击说"：在距今约 30 亿年前，宇宙空间的陨星体很多，月球正处于半熔融状态。巨大的陨星撞击月面时，在其四周溅出岩石与土壤，形成了一圈一圈的环形山。又由于月面上没有风雨的洗刷与强烈的地质构造活动，所以当初形成的环形山就一直保留下来了。

一些人对此说法并不认同。他们觉得月球有公转也有自转，如果说环形山是由陨星撞击造成的，那么月球的两面会遭到基本相同的撞击，而现实是月球背面的环形山比正面多得多。还有与月球的体积相比，月球上的环形山大得出奇，最大的环形山的直径大致相当于月球直径的 1/12，而地球上最大的陨星坑的直径不过是地球直径的 1/27。以月球这么小的个头儿，却承受了如此巨大的冲击力，而在冲击之下竟然没有破碎，也没有改变轨道，这简直让人无法想象。

有些人认为无论是"撞击说"还是"火山说"，都缺乏具体的依据，不能明确地揭示出环形山形成的真正原因，于是提出了一个折中的观点，这就是月球上比较大的环形山是由火山爆发形成的，而比较小的环形山是由陨星撞击月球形成的。这个折中的观点引起了人们广泛的兴趣，但是否能够站住脚，还需要进行科学论证。

环形山的分类和命名 》》

◆ 环形山的分类

环形山的构造十分复杂，种类也多。长期以来，天文学界习惯按照环形山形成的先后顺序来划分类别，将其分为古老型和年轻型两种。古老的环形山一般都很不规则，并且大多已经坍塌，而在它的上面重叠着圆形的小环形山及其中央峰。这些"高高在上"的环形山都是比较年轻的，它们大小不一，既有单个的，也有重叠的。

1969 年，有位日本学者提出了一个新的环形山分类法，就是在原先古老型与年轻型的基础上进行细化，分为五种类型：（1）克拉维型，古老的环形山，一般都面目全非，有的还山中有山；（2）哥白尼型，年轻的环形山，常有辐射纹，内壁一般带有同心圆状的段丘；（3）阿基米德型，环壁较低，被认为可能是从哥白尼型演变而来的；（4）碗型，小型的环形山；（5）酒窝型，微型的环形山，有的直径还不到 1 米。

大家对上述分类法褒贬不一。它虽然划分得比较细致，但是有的类型界线比较模糊，不大好掌握。所以，天文学家大都还是沿用老办法，即按照环形山形成的先后顺序来进行类别划分。

◆ 环形山的命名

用世界著名的科学家与思想家的名字来命名月球上的环形山，这是早期天文学家们做出的硬性规定之一，并一直沿用至今。在所命名的环形山中，如哥白尼环形山、阿基米德环形山、牛顿环形山、喜帕恰斯环形山、卡西尼环形山等，都是以广大天文学爱好者们所熟悉的

科学家的名字命名的。让中华民族感到骄傲的是，在月球背面的环形山中，有4座是分别以我国古代天文学家石申、张衡、祖冲之、郭守敬的名字命名的，另外还有一座是以传说为尝试飞向天空而献身的明代人陶成道最初由朱元璋授予的官职"万户"来命名的。而在月球正面，有一座环形山是以我国现代天文学家高平子的名字来命名的。

名人堂

古希腊天文学家喜帕恰斯

喜帕恰斯（亦译"依巴谷"，约公元前190年~公元前125年），出生于尼西亚（今土耳其西北部伊兹尼克），是古希腊天文学家和地理学家。他在爱琴海的罗得岛建立了观象台，并发明了许多用肉眼观察天象的仪器，这些仪器沿用了1700年。他继续进行了先辈测量太阳和月亮大小和距离的研究，测定了月亮视差。他绘制的那份标有1000多颗亮星的连续位置的精确星图，被认为是人类第一幅准确的星图。喜帕恰斯还是第一个根据星的亮度将星划分为若干等级的人，空中最亮的20颗星为"一等星"，然后以光亮度依次递减分为二、三、四、五等，第六等星则刚刚能用肉眼观察到。喜帕恰斯创造的这种排列体系，经过后人的不断改进和完善，一直使用到了今天。

保持多项纪录的第谷环形山 ≫

第谷环形山位于月球南半球高地的一个很突出的撞击坑，它以丹麦天文学家第谷的名字命名，是月球表面最著名的环形山之一，也是人们观测最多的环形山之一。它的直径约85千米，环壁高约4.85千米，周围的表面布满了各种规模的坑穴，并且有许多重叠着的老坑穴，有一些较小的坑穴被认为是从第谷环形山溅射出的较大喷出物再度溅射而形成的。

第谷环形山早在 1645 年就出现在了人类绘制的月面图上。在环形山这个大家族里，它较为年轻，依据"阿波罗 17 号"任务中对覆盖在陨星坑辐射纹样本的分析，估计年龄为 1.08 亿年。模拟研究认为，第谷环形山有 70% 的可能性是由小行星 298 的碎片撞击形成的。第谷环形山边缘清晰完整，不像那些古老的环形山那样被后来的撞击所侵蚀。

第谷环形山拥有 12 条明显的辐射纹，从环形山周围呈放射状向外延伸，其中最长的达 1800 千米。这些辐射纹在满月时最为清晰明亮，用肉眼可以直接看到。美国"勘测者 7 号"月球探测器曾拍下第谷环形山辐射纹的近距离照片，从照片上可看出辐射纹上聚集着许多小环形山。

月球的山脉名副其实 》》

月球山脉又叫月球山系，是月球表面连续分布的山峰带，主要分布在月海的边缘。月球山脉的外貌与地球山脉差不多，形状和长短多种多样，是名副其实的山脉。但月球山脉寸草不生，完全由光秃秃的岩石所构成，因而看起来要比地球山脉险峻得多。月球山脉有一个普遍特征，这就是山脉两边的坡度很不对称，面向月海的那一边坡度很陡，有的呈现为断崖状，而另一侧面则相当平缓。根据天文学界古老的规定，月球山脉常借用地球山脉的名字来命名，如阿尔卑斯山脉、亚平宁山脉、阿尔泰山脉、高加索山脉等。

月球山脉数目不多，其中最长的为亚平宁山脉，长约 1000 千米，许多山峰高 4000 多米。它是雨海、澄海和汽海的分界山脉。在它尖尖的一端顶着两个大圆环，即厄拉多塞环形山和斯塔杜斯环形山。根据"嫦娥一号"获得的数据测算，月球上高 6000 米以上的山峰有 6 座，最高峰是位于南极附近的莱布尼茨山脉。

◆ 月球山脉的成因

天文学家一致认为月球山脉是天外那些不速之客的"杰作"，即若干小行星或者彗星高速撞击月球表面，使月壳在瞬间发生了位移和隆起，在很短时间内形成了与地球上的山脉不相上下的高大山峰。有的天文学家认为这个"很短时间"可能就是几分钟，甚至更短。

幽静的月谷 》》

月谷是月面上一些弯弯曲曲的黑色大裂缝，看起来很像地球上的沟壑或谷地，它们有的绵延几百到上千千米，宽度从几千米到几十千米不等。一些较窄、较小的月谷有时又被称为月溪。

月谷大多出现在月面上较平坦的地区。最著名的月谷是位于柏拉图环形山的东南连接雨海和冷海的阿尔卑斯大月谷，它把月球上的阿尔卑斯山拦腰截断，从太空拍得的照片估计，它长达 130 千米，宽 10～12 千米。人们使用普通的天文望远镜能够看出它那整齐笔直的外形，很像地球上的苏伊士运河。

月溪在月面上可以说是到处都有，依据形态特征可分为四种基本类型，即直月溪、弓形月溪、不规则月溪及蜿蜒曲折的月溪。长 100 多千米、宽 1.5 千米、深 0.4 千米的哈德利月溪是最清晰的月溪之一，当年"阿波罗 15 号"登月舱就是在它附近成功着陆的。

◆ 众说不一的月谷成因

A.D.霍瓦德认为，与地球上"V"形谷相似的月谷可能是来自月球原始大气层的水流动造成的，至少某些月面上的弯曲月溪是受水的作用而产生的。这些水可能是月壳冻结层下的水被陨星冲击后而露出月表，或者是来自火山喷发。

V.R.欧伯贝克等人认为，月溪在形态上与地球上的河流很相似，但并不能说明月溪是水流造成的。他们推测，月表上一些不大的溪谷很像地球上玄武岩流的熔岩桶，其顶部被侵蚀掉了，因而具有蛇曲流道，流道的下部变窄。

J.D.伯克等人认为，月溪与地球上平缓的沙漠河床很相似，它们具有底部变窄，阶地间呈蛇曲形，缺少支流和三角洲以及能包绕障碍物

等共同特征，所以他们认为月溪是由熔岩流、火山灰、水或者泥浆的流动造成的。

A.B.哈巴科夫等人认为有少数月坑成排分布，由小月坑组成的锁链就形成裂缝，如月面中央著名的希吉努斯月溪等。

主张月海盆地为陨星冲击而成的学者认为，月表的溪谷都是月海盆地周围辐射

线构造的一些线条。这种构造线与哥白尼月坑的辐射线不同，它们大多为长沟状或由小月坑呈链状排列而成，如雨海东北的阿尔卑斯月谷就是雨海构造系的构造线之一。月球背面的几条月谷，经过1~5号"月球轨道器"的拍照研究表明，它们也是从巨大类月海发射出来的若干放射状构造线。

月球遍地都是宝 》》

月球看起来没有地球繁华，但是科学家们勘测分析发现，它是一个货真价实的藏宝库，地球上最常见的17种元素，在月球上比比皆是。目前月岩中共发现约60种矿物，其中6种是地球上未发现的矿物。

在整个月球表层有平均10米厚的"沙土"，目前经过探测发现，仅在其表层5厘米厚的"沙土"中就含有上亿吨的铁。月球土壤中含有丰富的氦-3。据科学家们估计，月球土壤中的氦-3含量大约为71.5万吨。从月球土壤中每提取1吨氦-3，可得到6300吨氢、70吨氮和1600吨碳。由于月球的氦-3蕴藏量大，对于未来能源比较紧缺的地球来说，无疑是雪中送炭。许多航天大国目前已将获取氦-3作为开发月球的重要目标之一。

月球原来是这样的

月球岩石的奇妙之处 》

　　自 1969 年美国"阿波罗 11 号"登月以来，共采回 380 多千克月岩样品。粗看起来，月球岩石和地球岩石没有多大不同，外观相似，矿物结构大体相同，颗粒分布大同小异，形状也早已被人们所熟悉。但是如果仔细观察的话，就会发现月球岩石和地球岩石大不相同。月球岩石不仅色泽清新，而且表面布满了小坑。科学家们在对从月球上采集来的岩石标本进行化验分析后发现，月球岩石同地球岩石相比，有两大奇妙之处：

　　（1）月岩里面常常都带有玻璃，其位置很不固定，要么是粘在岩石外层，要么是渗入岩石内部，这种情形是地球岩石所没有的。从渗入岩石内部的玻璃切片来看，其常常呈现旋涡形状，这说明玻璃在凝固以前曾经是流动着的。有人认为，这是由于陨星撞击月面而产生高温高压，使玻璃熔化，渗入岩石，后来冷却凝聚在岩石内部。

　　（2）月岩中的玻璃寿命相当长。经测定，月球岩石的寿命一般都有 30 亿~ 40 亿年，而这些玻璃也具有同样的高龄。这实在是了不起的现象。在地球上存在着"反玻璃化"的过程。所谓"反玻璃化"是指一般的玻璃在水的作用下不到 5000 年的时间就蜕变为别的矿物质。有史以来，在地面上发现的所谓的玻璃"寿星"，最老的也不过 2 亿年。而且要想找到天然玻璃，那简直是大海捞针。但是在月球，天然玻璃却到处可见，而且"长生不老"。科学家认为这是因为月球上没有水，而水正是"反玻璃化"的主要发生条件。月球上天然玻璃数量多、寿命长的事实，又反过来证明月球上确实没有水，否定了关于月球上某些地区曾经存在大量水分的假想。

知识零距离

美国总统赠送的特殊礼物

1978 年，时任美国总统卡特委托他的安全事务顾问布热津斯基在访问我国时，向我国赠送了一件特殊礼品，这是一块小指尖大小的月球岩石样品。样品铸在一个类似于凸透镜的有机玻璃盒内，看着很大，但其实只有 1 克的重量。

后来，科研人员把样品切成了两块，一块用于做研究，另一块保存起来。他们先做了非破坏性测试与研究，最后才做破坏性的测试与研究，研究范围包括这块岩石的矿物成分、结构和构造、化学成分、微量元素、物理性质、产出环境等。科学家对 0.5 克样品进行研究后，发表了 14 篇相关研究文章，并推断出这是由"阿波罗 17 号"飞船采集来的样品。在参考了美国公布的数据以后，他们又研究了这块月岩样品的具体编号和取自月球什么位置等问题。研究成果让美国同行很是信服。

月球岩石的主要类型 》》

按照月球岩石样品的结构和成因，可将其分为三类：结晶质火成岩、角砾岩、月壤或月尘。

结晶质火成岩包括多孔状极细粒至中粒等粒状岩石，它们是在月球表面或其附近由岩浆直接结晶和固化形成的。但有一些样品，虽然结

月球原来是这样的

构与火成岩相同，却是晶质化了的冲击熔融岩。

角砾岩主要分布在月陆高地上，其变化范围从细粒的微角砾岩到含有大的火成岩碎块的碎屑岩。由于陨星撞击产生的热和压力作用，角砾岩已经熔结或压实变硬。

月壤或月尘是未黏结的颗粒物质。月壤是陨星体多次撞击的产物，其厚度可达几米，主要由晶质颗粒与较大的火成岩碎块、玻璃质碎片（包括大量的玻璃球粒）及微量金属颗粒组成。

月球岩石的成分 >>

按照月岩样品的成分，可将其分为：富铁和钛的月海玄武岩、富放射性元素和难熔微量元素的非月海玄武岩、富铝的月球高地岩石。目前未发现大型花岗岩体。

月海玄武岩一般为黑色，分布在月海中。在静海、风暴洋和丰富海所采集的样品为典型的月海玄武岩，主要由辉石、橄榄石、富钙的斜长石及钛铁矿组成。按其化学成分可划分为高钾、低钾、高钛、低钛和极低钛玄武岩以及高铝玄武岩。最古老的月海玄武岩的年龄为42亿年，表明月海玄武岩是

以熔岩流的形式多期喷发形成的。

　　非月海玄武岩是月海形成前月球表面分布的富斜长石的玄武岩，主要有两种，即富斜长石的辉长岩和富钾、稀土和磷的岩石（称之为KREEP——克里普岩，或称弗拉摩洛玄武岩）。非月海玄武岩中还有花岗质岩石和路尼岩。

　　月球高地岩石覆盖了大部分古老的和有大量冲击坑的高地。大多数的岩石为长石质的角砾岩，一般为斜长岩、橄长岩、苏长岩或富含斜长石的辉长岩。斜长岩的结晶年龄约为41亿年。

月球是否存在磁场 》》

　　早期月球专家表示月球的磁场很弱或根本没有磁场。对月岩样品进行化验分析的结果表明，月球磁场强度不及地球磁场强度的1/1000，月球现在没有全球性的偶极磁场；也就是说，在月球上使用指南针是分不出来东西南北的。

◆ 月球曾经可能存在磁场

　　天文学家认为虽然迄今还没有发现月球有明显的磁场存在，但从月岩样品中发现月岩具有天然的剩余磁性，这表明月球可能曾经有过较弱的磁场。这个磁场是在月球诞生之后的5亿~10亿年时开始出现的。但是，它的寿命不长，存在了6亿~9亿年，之后便突然消失了。

月球原来是这样的

◆ 月球磁场的成因

目前关于月球磁场的成因存在着很大的分歧。

观点一：月球在 38 亿~ 32 亿年前曾经有一个熔融的月核，可以产生全球性的磁场。

观点二：在 40 亿~ 38 亿年前，月球经历过一次大的变动，曾使岩石加热到居里点（大约 780 摄氏度）以上，当岩石冷却到居里点以下后，在一个数千伽马的磁场中，岩石被磁化，从而获得了剩余磁性。

观点三：月岩的磁场是在地球磁场或太阳风的作用下产生的。

观点四：月球的磁性是由撞击形成的。根据磁力仪和电子反射谱仪测量的月球磁场强度和分布情况看，月壳的强磁场正好分布于大型撞击盆地对应的另一半球，且形状相同，因而一些科学家认为，这一磁场的强化可能与撞击事件有关。超速（速度大于 10 千米 / 秒）撞击可形成等离子体云，这一等离子体云滞留于月球上 5 分钟左右，从而使原先的偶极磁场得到加强，而被加强了的磁场在等离子体云衰减变薄之前仅可保持 1 天左右，如此短的时间明显比岩石的冷却时间短，因此，热剩余磁化是不可能的。但在撞击盆地两边（环上）时，由于撞击溅射作用，撞击剩余磁化是可能的，即撞击盆地的溅射物在撞击后的几十分钟内溅落在对峙的环上，同时巨大的冲击压力足以产生撞击剩余磁化并使之保存下来。

◆ 月球磁场的消失

美国加利福尼亚大学地球行星系的专家学者们曾经针对月球磁场的产生与消失进行了一次专题的三维模拟试验，得出这样一个结论：体轻且流动的岩石，形成了熔岩的"海洋"，它们在从下面漂向月球表面的时候，在其表面之下残留了大量的类似钍和铀一样的放射性元素。这些元素在崩溃时放出大量的热，这些热量就像电热毯一样，加热了月球的内核。被加热的物质与月球的表面形成对流，从而产生了感应电流作用，此时也就产生了月球磁场。但是，当放射性元素崩溃超越一定时点时，对流现象终止了，于是感应电流作用也随之消失。正是这样的变化，才最终导致月球磁场的消失。

在地球上看不到月球的背面 》》

在一个相当长的时间里，人们都以为自己在地球上看到的是月球完整的面貌。后来，天文学家发现其实根本不是那么回事，人们在地球上看到的实际上只是半个月球，也就是说只看到了月球的正面，而它的背面是看不到的。这是因为月球自转和公转的时间相等（都是27.32天），方向相同（都是自西向东）。准确地讲，月球实际看不见的部分大约只占月球表面的41%，其余那59%，如果从地球的各个地方去观测的话，还是能够看得到的。

打开月球背面神秘的大门 》》

月球背面是一个怎样的世界？对于人类来说，它曾经是一个亘古之谜。随着航天科技和月球探测活动的发展，人类终于打开了那扇神秘的大门。

1959年10月4日，由苏联人发射的"月球3号"探测器按照设计的既定路线，顺利飞到月球背面，10月7日，成功拍摄了月球背面的首幅照片。当这一照片被发送回地面接收站以后，人类第一次目睹了月球背面的真实面目。月球的背面几乎全部是亮晃晃的白光，它们被确认是月陆高地部分，而较暗淡的部分被认为是月海和环形山。惊喜若狂的苏联人迫不及待地给那些山和海命名。

1965年12月，苏联人发射"月球8号"探测器，成功地拍摄到了更多、更详细的月球背面的照片，又对一些新发现的环形山进行了命名。

从1966年8月开始，美国人先后发射了5个月球轨道环行器。它们长期环绕月球运行，不断向地面站发回月球正面和背面的照片，美国人据此编制和出版了详细的月球背面地图。在这期间，月球上又增加了许多新的地名。

月球背面的世界也精彩 》》

人们在长期看不到月球的背面时，难免产生一些猜测。有人说月球和地球一样，正面是凸起的——好像北半球的大片陆地，背面是凹地——好像南半球的大片海洋。也有人猜测，月球背面的重力要比正面的重力大，因此水和空气都集中到背面去了，所以月球背面很可能有真正的海洋，甚至还有可能存在着生物。

◆ 科学家的发现

科学家们研究发现，月球背面和正面存在比较大的差异。月球背面，地势起伏悬殊，高地和环形山多，月海很少，面积仅占半球面积的2.5%。月球背面有许多巨大的、很具特征的同心圆结构，最典型的是东海，直径约为900千米。月球的最长半径和最短半径都在背面。最长半径要比平均半径长出4千米，最短半径则比平均半径短了5千米。月球背面的月壳一般都比正面厚，其厚度可达150千米，而正面月壳厚约60千米。此外，月球正面发现了不少质量瘤，它显示月面的重力分布有明显异常的地方，而月球背面迄今为止没有发现质量瘤。月球背面和正面为什么有那么多区别，至今还没有令人信服的解释。

月有阴晴圆缺 》》

人有悲欢离合，月有阴晴圆缺。由于月球本身不发光，在太阳光照射下，向着太阳的半个球面是亮区，另半个球面是暗区。而月球在环绕地球运行的同时，又伴随地球围绕太阳公转。随着太阳、地球和月球三者之间的相对位置不断变化，月球被太阳照亮的一面有时面向地球，有时背向地球，亮的区域有时大一些，有时小一些，因此，地球上的观测者所见到的月球就有圆有缺，月球圆缺的各种形状，被人们称为月相。

◆ 月相的变化

月球公转时，位置不同，地球上的人看到的月球形象也不同。当月球转到太阳和地球中间，被太阳照亮的半球背对着地球，人们在地球上就看不到月球。月球在这个位置是新月，或者叫朔。从新月再稍微过

一些时候，农历初三、初四时，亮区逐渐转向地球，人们在地球上可以见到月球呈月牙形，月牙凸面向西朝向夕阳，这叫蛾眉月。随后，月球逐日远离太阳，到了农历初七、初八，当月球处在与太阳的连线和与地球的连线呈直角的位置时，半个亮区对着地球，此时人们能够看到半个明月（凸面向西），这叫上弦月。这以后，我们能看到月球的大半部分。到了农历十五、十六，月球转到与太阳完全相对的一面，也就是地球在太阳和月球中间，太阳光把月球对着地球的半面完全照亮，每当夜晚降临，人们整晚都能看到圆圆的月球，这叫满月，或者叫望。之后，月球开始从西面残缺，渐渐地变瘦起来，到了农历二十二、二十三，又能看到半个月球（凸面向东），这叫下弦月。此时的月球逐渐向太阳靠拢，直到午夜才会在东方的天空出现。天亮以后依然停留在南方的天空，到了中午才向西方沉落下去。过了下弦月，月球出来的时间越来越晚，一般午夜过后才会升起。再过四五天，月球又变成月牙形，月牙凸面向东朝向朝阳，这叫残月。又过了几天，月球再次运行到太阳和地球之间，终于完全看不见了，又回到了新月。

◆ 月球盈亏周期比公转周期长

月相的变化是有规律的。月相变化的周期性，给人们提供了一种计量时间的尺度。从缺到圆，从圆到缺，月球完成这样一个周期变化，平均需要 29 天 12 时 44 分 3 秒。古往今来，人们一直把这个周期作为一个月，用来制定历法，这就是阴历或叫农历。月球盈亏周期比它围绕地球转一圈的时间长两天多。这是因为月球从新月开始转一周又回到原来位置的时候，太阳已经离开原来的位置而又向前走了一大步的缘故。就是说月球需要晚两天多的时间才能追赶上太阳。若是追赶不上的话，它也就成不了新月。

中秋节的由来

中秋节是一个与月亮有关的节日，在农历八月十五，因恰值三秋之半，故名"中秋节"；又因处于仲秋之月，故也称"仲秋节"。中秋节还有许多别称，根据节日时间，又称为"秋节""八月节""八月半""月夕"；根据节日活动，又称"追月节""玩月节""拜月节""女儿节"或"团圆节"。

关于中秋节的起源，一般认为它主要是在古代中秋祭月的习俗基础上形成的。另一种说法是，八月十五正是庄稼成熟的时期，各家都拜土地神，中秋大概是秋报的遗俗。

与其他重要的传统节日相比，中秋节形成较晚，在汉魏民俗节日体系形成时期，中秋节尚无踪迹。到了唐代，中秋赏月、玩月才形成习俗，但中秋节还不是一个大节。北宋太宗年间，官方正式确定八月十五日为中秋节，此后，

月球原来是这样的

中秋节日渐隆重。明朝以来，赏月、祭月、吃月饼的风俗大盛，一直流传到现在，中秋节成为我国仅次于春节的第二大传统节日。

有学者认为，中秋节成为一年之中的重大节日，与科举考试有着极其微妙的关系。在我国封建社会，开科取士一直是统治者十分重视的一件大事，而三年一次的秋闱大比，恰好安排在八月里举行。胜景与激情结合在一起，人们便将应试高中者誉为月中折桂之人，每到中秋，必须隆重庆贺，成为一种重要风俗，经朝历代，盛行不衰。

作为民间大节，中秋节的民俗活动特别丰富，而且主要集中在晚上进行，包括拜月、赏月、吃团圆饭、吃月饼，以及在月下进行各种游乐活动和观月占候活动等。天上的圆月与人间的团圆、丰收联系起来，增添了节日美满、喜庆的气氛。

2006年5月20日，中秋节经国务院批准被列入第一批国家级非物质文化遗产名录。

月球上的质集现象 ≫

20世纪60年代，雄心勃勃的美国人把若干月球探测器发射到了围绕月球运行的轨道上，想要精确地计算出这些探测器环绕月球运行的速度该有多大。然而，使他们惊讶的是，这些探测器在轨道上的运行速度并不均匀，有时走得快一些，有时走得慢一些。

天文学家经过详细的研究发现，月球探测器在飞越月球上广大的月海地区时，速度就会稍稍变快。他们认为造成这种情况的原因是月球的密度不是沿半径方向对称分布的。在月海地区可能质量大得多，这样就产生了附加引力效应，使探测器的速度变快。天文学家把这种质量集中的现象简称为质集。

月球上为什么会出现质集现象？

观点一：月球平原地区那些特大号的环形山是由极大的陨星撞击出来的，这些陨星可能至今仍然埋在那里。它们的主要成分可能是铁，比普通月面物质的比重要大得多，因此就呈现出质量高度集中的异常现象。

观点二：在月球形成早期，月面上的月海真的是海洋，但由于月球上缺少大气层的保护，炽热的太阳直射月球表面，海水被蒸发掉了，海底积聚起了厚厚的沉积物。这些海底沉积物中蕴含着丰富的密度非常大的物质，使得这些区域的引力大于其他区域。

以上两种观点是否正确，目前还无定论，月球的质集现象仍然是个未解之谜。

月面上的辐射纹很壮观 》》

很早以前，有的天文学家发现，几乎位于月球正中的哥白尼环形山在满月的夜里会从山的中心奇异地向四面八方辐射出许多灿烂的条纹，犹如一条条亮晶晶的带子一般。他们给这种带子起名叫辐射纹。后来，天文学家们陆续发现许多年轻的环形山周围也都呈现放射状斑纹结构。这种环形山在60座以上，它们都有着如同哥白尼环形山一样的辐射纹，但是形状不一、长短不同、数量各异、亮度也不一。美国的"勘测者7号"月球探测器在1968年拍下了靠近月球南极的第谷环形山的一些辐射纹。人们看了以后，觉得它的辐射纹比哥白尼环形山的辐射纹还要美丽。目前，已经发现第谷环形山有12条辐射纹，它们几乎都是呈一条直线向外延伸，穿过山脉、月谷，也横越月海，其中最长的一条辐射纹竟长达1800千米，最宽的一条有20千米，在满月时尤为壮观。

那么这些辐射纹是怎样形成的呢？有的天文学家认为，这是陨星撞击月球表面时，岩石以及岩石粉末等被抛向四周，这些物质后来逐渐落回到月面而成为辐射纹。由于它们的反照率比较大，所以看上去格外明亮。还有的天文学家猜想这是火山爆发把大量的白色火山灰喷射向远方的结果。总而言之，辐射纹的成因到现在还是尚无定论。

摇摆中的平衡 》》

古代的天文学家在进行月球观测时，发现了这样一种现象：月球在围绕地球公转过程中，朝向地球的月面边缘部位呈现出周期性的像天平那样摇摆的运动。他们经过研究得出结论，这种现象主要由于月球轨道的偏心率，以及月球自转轴和月球绕地球转动的轨道面（白道面）的法线的交角而形成的。于是在天文学中又增添了一个新名词——天平动。由于天平动现象，人们能观测到的月球表面不止一半，而是整个月面的约59%，即包括了月球背面的一小部分。

◆ 光学天平动与物理天平动

月球天平动可以分为光学天平动和物理天平动两种。

光学天平动又称视天平动，它是由于观测者位置改变造成的，不是月球本身真正的摆动。光学天平动可分为经度天平动、纬度天平动、周日天平动三种。

经度天平动是月球绕着地球公转的轨道有少许的离心率造成的结

果。当月球由近地点向远地点移动时公转速度逐渐减慢，由远地点向近地点移动时公转速度逐渐加快，但月球的自转速度始终不变，所以月球在轨道上的位置相对于其自转速度有时超前、有时落后。因此，月球东西边缘外侧分别会有7度45分的地方被地球上的观测者看到。在月球赤道上每1度相当于30千米，所以经度天平动可以使人们分别在东西两侧多观察到约235千米的月面。

纬度天平动是由月球自转轴的法线对月球绕地球公转的轨道平面有少许的倾斜造成的。在月球公转过程中，月球自转轴的北端和南端轮流朝向地球，因此人们有时能直接看到月球北极之外的一小部分，有时又能看到月球南极之外的一小部分。

周日天平动的影响比较小，是地球自转所造成的，它使地球上的观测者从地月中心连线的西侧转至东侧，因而先看见月球的东侧，然后再看见月球的西侧。地球的自转将使观测者最多能在赤道的东西侧多看见约30千米的区域。

物理天平动不同于前面三种，这是月球真正的摆动。由于月球的三条主惯性轴长度不等，加上椭圆轨道造成的距离改变，在地球引力作用下，发生相对平均位置的偏移。但是物理天平动比几何天平动小得多，所以一般都忽略不予考虑。此外，月球上的"地震"也会影响到月球上正对地球的点。

月球是否有过自己的卫星 》》

人们都知道，地球绕着太阳转，月球绕着地球转。那么，有没有绕着月球转的天体呢？通过观测和研究，天文学家们已经能够肯定地回答说，月球没有自己的卫星，也就是说月球没有自己的"小月亮"。

◆ 月球过去可能有卫星

有的天文学家认为月球虽然现在没有自己的卫星，但过去却曾有过。英国天文学家朗库德甚至认为，在太阳系刚刚形成之初，月球有好几个卫星，每个卫星的直径都至少有30千米。到了40亿年以前，每个"小月亮"都相继落到了月球上，撞出大量的岩石，使岩浆状的月球内层暴露出来，以后又逐渐凝结成坚硬的岩层，形成新的盆地，这就是人们今天看到的月海。

"小月亮"落到月球上还会造成另一个严重的后果。人们知道，月球除了绕地球公转之外，还在绕着它自己的轴自转。月轴的两端是月球的两极，即月球的南极和北极。月面上和两极距离相等的大圆就是月球的赤道。月球有微弱的磁场，所以它还有磁北极、磁南极以及磁赤道。"小月亮"撞到月球上，使月球失去平衡发生摇晃，月极的位置也发生了移动，以后月球又逐渐恢复平衡，月极的位置也就在新的地方重新稳定下来。

天文学家们仔细分析了月球岩石样品，发现在几十亿年前月极确实移动过好几次。他们通过对月岩进行古地磁学的分析，辨认出三条古代的磁赤道。这些磁赤道的形成年代分别为42亿年前、40亿年前和38.5亿年前，其年龄与月海相近，而月海恰好就沿着这些磁赤道排列。这些新发现正好可以用当时发生过几个"小月亮"掉到月球上的事件来解释。

有的天文学家反驳说，如果确实像上述观点说的那样，那么这些"小月亮"又是由于什么掉到月球上去的呢？持上述观点的科学家对这个问题还无法做出明确回答。

"熄灭了"的星球 》》

月球存在大量的火山痕迹，如由玄武熔岩构成的平原地带、蜿蜒的月面沟纹、黑色的沉积物、火山圆顶和火山锥等。月球火山可谓老态龙钟，大部分年龄在30亿~40亿年之间，最年轻的也有1亿年的历史。典型的月球火山多出现在巨大古老的撞击坑底部，边缘被山脉环绕。但至少在300万年之内没有任何新近的火山和地质活动迹象，因此月球被天文学家称为"熄灭了"的星球。

月球的地心引力仅为地球的1/6，这意味着月球火山喷发时熔岩的流动阻力较小，行进更为流畅，容易扩散开来。地心引力小也使得喷发出的火山灰碎片能够落得更远。此外，月球上没有液态水，无法激起强烈的火山喷发，熔岩或许仅仅是平静地涌到地面上。因此，月球火山的喷发，只形成了宽阔平坦的熔岩平原，而非类似地球形态的火山锥。

◆ 科学家发现月球会"打嗝"

天文学家们根据探月资料进行分析研究，发现月球表面在最近的100多万年间曾经释放出火山气体。他们猜测月球中心的部分仍在进行冷却，而由此产生的气体正试图寻找一条从月球内部深层通向月球表面的途径。由于月球内部深层的气温降低并且产生裂缝，少量的气体向上溢出，这些气体最终汇聚到一起，然后沿着内部的缝隙，寻找月球表层最脆弱的某个地方散发出去。虽然"月球上的火山都是死火山"这一点已经得到公认，但并不意味着它就不能偶尔打个嗝。这种"打嗝"的行为是从月球的内部深层通过月球的"喉咙"发出的。

奇妙的"月球钟声" »

1969 年，"阿波罗 11 号"宇宙飞船探月过程中，当两名航天员回到指令舱 3 个小时后，登月舱"鹰"突然失控，坠毁在月球表面。在距离坠毁地点 72 千米处，预先放置了一个月震仪，它记录到了持续 15 分钟的震荡声。这个声音越传越远，

而且逐渐减弱，犹如一口巨钟发出的声音。在报道这一事件时，有记者把它称为月球钟声。

◆ 月球是空心的？

月球上当然不会有钟声，但这种声音却不能不引起天文学家们的注意。如果月球是实心的，那么这种震波至多能持续 5 分钟。而震荡声如此之长，是不是说明月球是空心的呢？

1969 年 11 月 20 日，"阿波罗 12 号"有意制造了一次人工月震。美国航天员在月面上设置了高灵敏度的月震仪，它比在地球上使用的月震仪灵敏度高出上百倍，甚至能记录到航天员在月面上行走的脚步声。当航天员乘登月舱回到指令舱后，随即用登月舱的上升段撞击月球表面，于是发生了月震。让美国航空航天局的那些专家们目瞪口呆的是，这次撞击竟然使月球"晃动"了大约 1 个小时。震动从开始到强度最大用了七八分钟，然后强度逐渐减弱，余音袅袅，经久不绝。"阿波罗 13 号"和"阿波罗 14 号"登月时，航天员们又先后用飞船的第三级火箭撞击月面，获得了长达 3 个小时的震动。

月球上发生的这种长时间震动现象在地球上是绝对不可能发生的，这显然是由于地球和月球的内部构造不同而造成的。于是，有的天文学家提出了一个大胆的假设：月球的内部并不是冷却的坚硬熔岩，而是完全空心的，至少存在着某些空洞。

这个假设还得到了一些数据的支持。月表岩石密度（为 3.2~3.4 克/厘米^3）远远大于地球岩石密度（为 2.7~2.8 克/厘米^3），月球深处的密度更是高得惊人。在地球上电钻能毫不费力打进 360 厘米深，到月球上最多只能打进 75 厘米。按此推测，月球的中心应该是一个由大密度物质构成的内核。若是这样，月球的总质量就会比现在计算出的大得

月球原来是这样的

多，相应地，其引力强度也要大一些，可是月球的引力只有地表引力的1/6。如果说月球是一个巨大的空心球体，这一现象就可以得到解释了。

1972年5月13日，一颗较大的陨星撞击了月面，其能量相当于200吨TNT炸药爆炸的威力。这种概率极低的"幸运"事件，给天文学家提供了测量月震纵波的绝好机会。如果月球是中空的，纵波就不会穿过月球中心，而横波则会在月球壳体上反复震荡；如果月球是实心的，这种震动应该反复几次。结果，这次陨星撞击造成的纵波传入月球内部以后，就全无消息了。对此只能有一种解释，那就是纵波被月球内部的巨大空间"吞吃"掉了。

苏联天体物理学家米哈依尔·瓦西里和亚历山大·谢尔巴科夫的假设更为离奇。他们在《共青团真理报》上指出："月球可能是外星人的产物。15亿年以来，月球一直是外星人的航空航天站。月球是空心的，在它的表层下边存在着一个极为先进的文明世界。"

对于以上猜测，也有许多天文学家提出了异议。他们认为，月球上

声音震荡的时间之所以比地球上长，那是因为月球上没有水，也没有如地球表面松散厚实的沉积层。由于水和沉积层对声波有一定的吸收作用，所以地球上声音衰减较快。此外，月球表面因为长期遭受大量陨星的撞击，形成了此起彼伏的构造，使

得月震波向四处散射，这就造成了月震持续时间较长的特点。

根据现有的宇宙形成理论，自然形成的星球绝不可能是空心的，月球也不例外。但是在天文学家们对奇异的月震现象做不出令人信服的解释前，谁敢肯定地说月球就不是空心的呢？

月球引力对地震的影响 》》

日本防灾技术科学研究所和美国加州大学洛杉矶分校的研究人员组成的联合研究小组证实：月球引力影响海水的潮汐，在地壳发生异常变化积蓄大量能量之际，月球引力很可能是地球板块间发生地震的导火索。

潮汐是指海水的自然涨落现象。研究者发现，地震的发生与断面层潮汐压力高度密切相关，猛烈的潮汐在浅断面层施加了足够的压力，从而会引发地震。当潮汐很大，潮水达到 2～3 米时，3/4 的地震会发生，而潮汐越小，发生的地震也越少。猛烈的潮汐在地震的引发中发挥了很大的作用，地震发生的时间会因潮汐造成的压力波动而提前或推迟。

研究者认为，月球的引力虽然只有导致地震发生的地壳发生异常变化的作用力的 1‰ 左右，但它的作用是不可小视的，它是地震发生的最后助力，相当于压死骆驼的最后一根稻草。

另外，在月球引力的作用下，地球固体地壳也存在着与海水一样的"潮汐"现象，其起伏的振幅在 0.5 米左右。来自月球的引力对地球的影响，在夜间要比白天大得多。地震虽然是地球内部运动的反映，但当它处于蓄势待发状态时，来自月球的引力所产生的固体潮便起到了导火索一样的作用，使积蓄已久的地震潜在能量在很短的时间内迸发出来。这也解释了为什么地震多发生在夜间。

欢乐的中秋之夜

中秋之夜，我国许多地方都有丰富多彩的传统娱乐活动，这些活动为青年男女喜结良缘创造了机会。

在山东省的一些地区，曾有中秋之夜抛帕招亲的习俗。是夜，于广场中搭起一个月宫景状的彩台，并设玉兔、桂树等。一些姑娘扮成嫦娥，在欢庆歌舞之后将绣着不同花色的手帕向台下抛去。如有观众接得的手帕与"嫦娥"手中的花色相同，即可登台领奖。有些未婚的小伙子在交还手帕时，若受"嫦娥"喜欢，则可以戒指相赠。此后，双方可以交友往来，情投者便喜结良缘。

湖南省侗乡的中秋之夜，流行着一种有趣的"偷月亮菜"风俗。相传古时候，中秋晚上，月宫里的仙女要降临下界，她们把甘露洒遍人间。仙女的甘露是无私的，因此，人们这一夜可以共同享用洒有甘露的瓜果蔬菜。即时，侗家姑娘打着花伞，选取自己心爱后生的园圃去采摘瓜菜，而不会被人看成是偷盗。她们还要有意地高声叫喊："喂！你的瓜菜被我扯走了，你到我家去吃油茶吧！"原来，她们这是借助月宫仙女传递情意呢。如果能摘到一个并蒂的瓜果，这表示她们能有幸福的爱情。因此，成双生长的豆角便成了她们采摘的对象。

云南省德昂族在中秋夜有"串月亮"的活动。中秋明月高挂时，山头寨外会不时响起悠扬动听的芦笙，男女青年在一起倾诉衷情。有的还通过送槟榔、送茶订下婚约。

什么是月震 »

    月震，顾名思义就是在月球上发生的类似地震一样的震动。虽然月球的内部能量已近于枯竭，但受天体引力以及陨星撞击等的影响，仍然有轻微的内部活动，因此常有微弱的月震发生。

◆ 月震的特征

    （1）月震发生的次数少，每年发生 300 ~ 10000 次，而且震级多数很小，最大的月震震级只相当于里氏震级的 4 级。

    （2）月震的震源大多在月面以下 700 ~ 1000 千米处，深源月震多。

    （3）月震波在月球内部要多次回波反射，浅源月震持续时间大约 1.5 小时，深源月震由于震级一般相对浅源月震小，故持续时间相对稍短。

◆ 月震发生的原因

    天文学家们经过长期的研究认为，太阳和地球的引潮力是引发月震的主要原因。太阳系内的小天体（如陨星、彗星碎块）撞击月球时，也可以诱发较大的月震。月坑中的滑坡也可能是引发月震的一个原因。此外，由于月面结构直接裸露在太空环境中，太阳照射时的高温和没有太阳时的严寒造成强烈的温度变化，这也会引起月面岩石的轻微震动。天文学上称这种变化引起的震动为热月震。

月球原来是这样的

天赐良机

20世纪60年代，从事月球内外壳厚度研究的美国科学家曾经提出了一种设想：在月球背面引爆一个核装置，这样就可以测量月球内外壳厚度，调查震动在月球内部是如何传导的。但是，他们的这个设想因遭到社会各界的反对而化为泡影。因此，只能等待巨型陨星撞击月面的事件发生，由设置在月面上的月震仪来解决问题。巨型陨星撞击月面的事件100万年才有可能发生一次，希望极其渺茫。

1972年5月13日，奇迹发生了，一颗巨大的陨星撞上月面，仿佛一下子炸响了200吨TNT炸药。美国航空航天局的科学家们利用这一天赐良机测量了月球外壳的厚度。测量结果令人目瞪口呆，月球外壳的厚度在48千米以上，其平均厚度约是地球上大陆地壳平均厚度厚的2倍。

月食是这么一回事 》》

◆ 古人天狗吃月亮的传说

传说，古时候有一位名叫目连的公子，好佛善施，为人善良，十分孝顺母亲。但是，目连之母生性暴戾，品行恶劣。有一次，目连之母突然心血来潮，想出了一个恶主意：让和尚开荤吃狗肉。她吩咐下人做了三百六十个狗肉馒头，假装是素馒头，要到寺院去施斋。目连知道了这事，劝说母亲，但母亲不听，目连忙叫人去通知寺院方丈。方丈就准备了三百六十个素馒头，藏在每个和尚的袈裟袖子里。目连之母来施斋，发给每个和尚一个狗肉馒头。和尚在饭前念佛时，用袖子里的素馒头将狗肉馒头调换了一下，然

后吃了下去，事后将三百六十个狗肉馒头埋在寺院后边。天上玉帝知道这事后震怒，将目连之母打入十八层地狱，让她变成一只恶狗，永世不得超生。孝子目连得知母亲被打入地狱后，日夜修炼，修成了罗汉，成为佛陀十大弟子之一。为救母亲，他用锡杖打开地狱之门。目连之母和全部恶鬼都逃出地狱，投生凡间作乱。目连之母变成的恶狗逃出地狱后，因十分痛恨玉帝，就跑到天庭去找玉帝算账。恶狗在天上找不到玉帝，就去追赶太阳和月亮，想将它们吞吃了，让天上人间变成一片黑暗世界。这只恶狗没日没夜地追呀追！恶狗追到月亮，就将月亮一口吞下去；追到太阳，也将太阳一口吞下去。不过目连之母变成的恶狗最怕锣鼓和爆竹声，一听到这些声音，就吓得把吞下的太阳、月亮全吐出来。太阳、月亮获救后，又日月齐辉，重新运行。恶狗不甘心又追赶上去，这样一次又一次就形成了天上的日食和月食。民间就叫"天狗吃太阳""天狗吃月亮"。直到现在，每逢日食、月食时，不少城乡百姓还举行敲锣击鼓、燃放爆竹来赶跑天狗的习俗活动。

月球原来是这样的

麦哲伦的信心

麦哲伦进行环球航行时，无边无际的大海曾让船队中的许多水手产生了疑虑，他们不敢相信地球是圆的，不少人想掉头回去。而麦哲伦却十分坚定，他的信心就来自月食。既然月食发生时地球的阴影边缘是圆的，那么能抛出圆形影子的物体本身也应当是圆的，只要一直向前，就一定能返回原地。麦哲伦依靠着对月食的科学认识，最终完成了人类第一次环球航行的壮举。

◆ 今人的科学解释

月食是一种特殊的天文现象。当地球运行到月球和太阳之间，太阳、地球、月球三者恰好或几乎在同一条直线时，地球会挡住射向月球的太阳光，使得部分或全部的月球被地球的阴影遮住，这种现象被称为月食。

月食可以分为月偏食、月全食和半影月食三种。当月球只有部分进入地球的本影时，就会出现月偏食；当整个月球进入地球的本影时，就会出现月全食；至于半影月食，是指月球只是掠过地球的半影区，造成月面亮度极轻微的减弱，很难用肉眼看出差别，因此不被人们注意。

以地球而言，当月食发生的时候，太阳和月球的方向会相差180度，所以月食只可能发生在农历十五前后。然而并不是每个望日都会发生月食，由于太阳和月球在宇宙中的运行轨道（分别称为黄道和白道）并不在同一个平面上，而是约有5度的交角，因此只有太阳和月球分别位于黄道和白道的两个交点附近，才有机会形成一条直线，产生月食。月食每年最多发生三次，有时一次也不发生。在一般情况下，月球不是从地球本影的上方通过，就是从下方离去，很少穿过或部分通过地球本影，因此，月食发生的概率很小。

◆ 月食的五个阶段

月食的正式过程大致分为初亏、食既、食甚、生光和复圆五个阶段。

初亏：标志着月食的开始。这时的月球由东慢慢地进入地影，月球与地球本影第一次外切。

食既：月球的西边缘与地球本影的西边缘内切，这时的月球刚好全部进入地球本影内。

食甚：这时月球的中心与地球本影的中心的距离是最近的。因为太阳光透过地球低层大气时受到折射进入本影，投射到月面上的缘故，月面此刻呈现红铜色或暗红色。

生光：表示月球在地球本影内移动，并与地球本影第二次内切。月球东边缘与地球本影东边缘相内切，这时全食阶段结束。

复圆：月球这时开始逐渐离开地球本影，与地球本影第二次外切。月球的西边缘与地球本影东边缘相外切，月食全过程宣告结束。

都是月亮惹的祸 ▶▶

古人们喜欢把精神失常和遭受灾祸等不幸归罪于月亮，现代人对此一直嗤之以鼻。但是，科学家们在对50多项研究结果进行分析后发现，古人们的看法也并非全是虚妄之言，月亮对地球的影响远远超过了人们先前的想象。

最早的月食记录

公元前2283年美索不达米亚的月食记录是世界最早的月食记录，其次是中国公元前1136年的月食记录。我国《诗经·小雅》载有"彼月而食，则维其常"，指的是公元前776年的一次月食。它是世界较早的月食记录之一。

我国汉代著名天文学家张衡发现了月食的原理，他认为是地球走到月亮的前面把太阳的光挡住了，"当日之冲，光常不合者，蔽于地也，是谓暗虚。在星星微，遇月则月食"。公元前的一些外国天文学家在月食的研究方面也取得了可喜的成果，如世界古代史上最伟大的哲学家、科学家和教育家之一的古希腊人亚里士多德，根据月食看到地球的圆形影子而推断出地球是圆的。被西方称为"天文学之父"的古希腊人喜帕恰斯提出在相距遥远的两个地方同时观测月食来测量地理经度。2世纪时，古希腊天文学家、地理学家和数学家托勒密利用古代月食记录来研究月球运动，这种方法一直沿用到今天。

有科学家指出，月亮盈亏不仅影响海洋潮汐，还会影响人体健康，导致痛风突发和膀胱病症等，人类的激素平衡和繁衍也会受到影响。月亮甚至还和车祸及犯罪等有关联。英国利兹大学的一项研究表明，满月时医生的问诊量会加大，预约会增加 3.6%。斯洛伐克预防和临床疾病研究所长达 22 年的监测发现，在新月到满月期间痛风和哮喘处于高发期。美国纽约市的 14 万例生育数据显示，在月亮盈亏周期的 29.53 天之内，人类繁衍有着微妙的不同，下弦月之后生育怀孕达到高峰。佛罗里达州一项针对谋杀和性侵犯的研究发现，月圆之际此类犯罪高发。另一项为期 4 年的研究发现，在月圆日车祸发生率最低，但月圆前两天是高发时段；月盈期间的车祸比月亏期间频繁。美国佐治亚州立大学的一项研究显示，人们的饮食也会受到月亮盈亏的影响。他们对 694 名成年人的营养摄入和饮食类型的监测表明，人们的营养摄入依月亮盈亏发生微小但重要的规律性变化，月圆和新月期间相比较，人们饮食增加 8%，饮酒减少 26%。

科学家们表示，在现阶段还很难解释月亮对人类产生影响的确切机理，他们正在探索月亮通过引力牵引诱发地球上的一些变化。有科学家认为月亮变化影响了人的类固醇和褪黑激素水平，继而影响了人体的免疫反应。而生理周期的改变可能是受到了类固醇和褪黑激素的调节。月亮的引力牵引或许诱发了激素释放。

人类登月活动

RENLEI DENGYUE HUODONG

吸引力和诱惑力所在 》

    月球是离地球最近的天体，历来是人类天文活动的首选目标，自然也是人类走出地球摇篮，迈向浩瀚宇宙的第一步。严格地讲，人类真正了解月球是始于 20 世纪 50 年代。当时，美国和苏联两个超级大国在冷战的背景下进行着激烈的太空竞赛，掀起了第一轮探月热潮。

    月球探测是人类进行太阳系探测的历史性开端，是人类历史和科学技术发展史上划时代的标志性事件。对于人类而言，月球不仅是人类踏足浩瀚宇宙的前哨站，更是人类赖以生存的资源存储仓库。时至今日，月球对于人类太空科技的发展已经越来越重要，开发和利用月球资源成为 21 世纪的重要课题。这一切就是月球的吸引力和诱惑力之所在。

人类登上月球能做些什么 》

    登月已经成为大国和强国的太空探险计划之一。那么，人类到月球上去能干些什么呢？

    （1）了解月球结构、月震、月球磁场、月球与太阳风的关系、地月关系、月球资源等，研究月球找矿理论与技术，利用月球特殊的物理条件制造人类急需而在地球上又无法制备的特殊材料和精密材料。

    （2）可以在月球上建立海船、飞机和航天飞船等导航系统，设置高精度地球资源卫星，甚至可以建立广播和通信系统，设置军事侦察和作战指挥系统。

    （3）建立高寿命宇宙观测天文台。月球上良好的物理条件，使得

天文观测系统能
不间断地工作；
月球上无雨无风，
能见度非常高，
非常有利于天文
观测。

（4）建立
超级实验室。人
类在将来完全可
能将一些物理、
化学、生物等各种实验室迁移到月球上。因为月球上的环境条件不同于
地球，这种新环境条件下的各种实验必定具有新的现象。此外，月球上
可以建立最为安全的生物病毒实验室。

（5）月球将成为人类开发宇宙最为重要的中继站。月球的重力小，
飞行器更容易发射，速度提升比地球更有优势。

苏联人捷足先登 》》

1959～1976年苏联人共进行了四个系列的探月活动，发射了
64个月球探测器，在人类的探月史上首先取得了重大突破，创造
了一系列探月纪录。

空间探测器的功能与分类

空间探测器又称深空探测器或宇宙探测器，是对月球和月球以远的天体和空间进行探测的无人航天器，是空间探测的主要工具。按照探测的对象，它可划分为月球探测器、行星和行星际探测器、小天体探测器等。

空间探测器装载着科学探测仪器，由运载火箭送入太空，执行空间探测任务。其主要方式有六种：

（1）在近地空间轨道上进行远距离空间探测。

（2）飞近月球或行星，进行近距离观测。

（3）成为月球或行星的人造卫星，进行长期反复的观测。

（4）在月球或行星及其卫星表面硬着陆，利用着陆之前的短暂时间进行探测。

（5）在月球或行星及其卫星表面软着陆，进行实地考察，也可将获取的样品送回地球进行研究。

（6）在深空飞行，进行长期考察。

◆ "月球"系列

"月球"系列是苏联最早实施的月球探测项目，也是最大的一个月球探测系列。1959～1976年，苏联共发射探测器43个，其中有19个因发射失败而没有对外公布并纳入统一编号，只是在苏联解体后才被陆续披露出来；纳入统一编号的24个也有一些失败的，但总的来说还是取得了巨大成功，实施了除载人登月外几乎所有的探月活动。

◆ 第一个与月球擦肩而过的人造物体

1959年1月2日，"月球1号"探测器上天，这个探测器重361.3千克，上面装有当时最先进的通信、探测设备。两天后，它从距月球表面7000千米左右的地方与月球擦肩而过，进入日心轨道，成为第一颗人造卫星。

◆ 第一次成功撞月

1959年9月12日，"月球2号"探测器发射成功，两天后飞抵月球，在月球表面的澄海硬着陆，成为首个落在月球上的人造物体。它载的科学仪器舱内的无线电通信装置，在撞击月球后便停止了工作。

◆ 第一次揭开月球背面的秘密

1959年10月4日，"月球3号"探测器顺利升空，它与"月球1号""月球2号"探测器大不相同，不仅比它们更轻，而且设计十分巧妙。它首次携带了两台焦距不同的光学照相机，使用了太阳电池，并采用气体喷嘴控制姿态。它的主要任务是去发现月球背面的秘密，所以科学家对其发射时间和飞行轨道都做了精心安排。它没有直接快速地飞向月球，

而是在经过较长时间的飞行后缓慢地绕到月球背面，在距离月球6200千米处通过，而此时太阳恰好就在探测器的后面，并且还照亮着远离地球一侧的月面。因此，"月球3号"在通过月球背面的40分钟内拍摄了29幅照片，其中17幅底片在飞行途中完成自动冲印，通过电视扫描转换成电视信号，再通过无线电通信装置传送回地面。尽管最后得到的照片分辨率很低，而且只覆盖了月球背面70%的区域，但却记录了人类对月球背面的第一次观察，展现了人类以前从未看到过的景象。

◆ 第一次在月球软着陆

1966年2月3日，"月球9号"探测器经过79小时的长途飞行后，在到达距月面75千米时，重100千克的登月舱与探测器本体分离，依靠装在外面的自动充气气球，缓慢地在月面上的风暴洋附近着陆，由此成为世界上第一个成功在月面上软着陆的探测器。"月球9号"从月球上发回了一批宝贵的月球全景照片。

◆ 第一次绕月飞行

1966年3月31日，"月球10号"探测器成功进入绕月球的轨道飞行，测量了月球周围辐射和微流星环境。它由此成为第一个绕月飞行的探测器。

◆ 第一次使用钻头采集月岩样

1970年9月12日，苏联发射了"月球16号"探测器。8天后，"月球16号"在月面上的丰富海软着陆成功。它创造了第一次使用钻头采集月岩样品的纪录，共采集了100克的月岩样品，装入回收舱的密封容器里，于24日带回地球。

◆ 第一辆无人驾驶月球车

1970年11月10日，"月球17号"携带着世界上第一辆无人驾驶自动月球车上天。它运行了一周以后，于月面上的雨海着陆，"月球车1号"下到月面上进行了10个半月的科学考察。该车重756千克，高1.35米，长2.2米，宽1.6米，装有电视摄像机和核能源装置。它在月球上行驶10540米，考察了近8万平方米的月面地域，进行了200多次的土样分析，并用X射线望远镜扫描天空，获取了大量资料。"月球车1号"拍摄到了200幅月球全景照片和2万多幅月面照片，直到1971年10月4日核能耗尽才停止工作。

◆ 苏联最后一个月球探测器

1976年8月9日，苏联人发射了"月球计划"中的最后一个月球探测器——"月球24号"，它在升空后的第9天，于月面上的危海软着陆。它所携带的挖掘机从月球表面2米深处挖出了1000克岩石，其中带回来的样品有170克。

◆ 其他探测活动

"探测器"系列是苏联第二个月球探测项目，于1964~1970年实施。这个系列主要为载人登月做准备，但因为运载能力问题难以解决而没有实现载人登月。此外，苏联还发射了"宇宙"系列探测器，试图执行软着陆、采样返回等任务，但全部失败。1972年发射的"联盟L3号"探测器则因火箭故障而失败。

人类登月活动

美国人后来居上 》》

美国人在月球探测领域下手并不比苏联人晚，可是他们在起步阶段却落在了苏联人后边，失去了许多个"第一"。在与苏联人角逐的过程中，美国人后来居上，1958~1976年共发射了7个系列54个探测器，其中有5个系列比较突出，取得了一系列辉煌的探月成就。

◆ "先驱者"系列

"先驱者"系列是美国最早进行的月球探测尝试，1958年8月~1959年3月，共发射了5个探测器，前4次因火箭推力不足均失败，只有"先驱者4号"探测器勉强成功，但也只是从距离月球表面59000千米的地方飞越月球。这个系列的探测活动虽然成功率不足20%，但也为后来的探月活动奠定了基础。

◆ "徘徊者"系列

1961年8月~1965年3月，为了研究整个月球的外观，测量月球附近的辐射和星际等离子体等，以便为载人登月做准备，美国人先后向月球发射了9个"徘徊者"探测器，前6次失败，后3次成功。

其中 1962 年 4 月发射的"徘徊者 4 号"在月球硬着陆，是美国第一个击中月球的探测器。"徘徊者"探测器的样子像个大蜻蜓，总重 331 千克，长度为 3 米，两翼太阳电池板展开约 5 米。其前部装有当时最先进的探测设备，尾部安放着当时最先进的电视摄像机，共发回 17000 多幅照片，为后来的探测活动提供了大量有价值的数据。

◆ "勘察者"系列

　　"勘测者"系列，是为"阿波罗"载人登月飞行计划而进行的不载人软着陆试验。1966 年 5 月~1968 年 1 月，美国人先后发射了 7 个"勘测者"探测器，有 5 次在月球表面成功着陆，不仅突破了软着陆的关键技术，还获取了大量月球资料。其中，"勘测者 1 号"成功地在月面上软着陆，停留了 6 周，向地面发回 11000 多幅照片。"勘测者 2 号"因登月的 3 台微调发动机中有 1 台未发动而坠毁于月面。"勘测者 3 号"向地球发回了预着陆点及其附近地形的 6300 多幅照片，并且使用飞行前携带的铲子挖掘土壤深度达 4.5 米，通过观察和读数显示，月面的土壤与地球的海边沙滩相似，适于登月舱着陆。"勘测者 4 号"在按程序着陆前的几分钟莫名其妙地与地面失去了联系。"勘测者 5 号"配备了一台分析月球表土化学成分的仪器，采用放射性同位素方法分析了月球的土壤组成。"勘测者 6 号"发回了 18006 幅电视画面，并做了第一次土壤化学分析。"勘测者 7 号"实地调查了载人飞船的登月点和具有代表性的月面，发回了 21000 幅照片，证明勘察的一些地区有足够的支撑硬度，可以保证载人飞船降落。

空间探测器的特点

空间探测器虽然是在人造地球卫星技术基础上发展起来的，但与人造地球卫星比较，在技术上有一些显著特点。

空间探测器离开地球时必须获得足够大的速度才能克服或摆脱地球引力，实现深空飞行。其沿着与地球轨道和目标行星轨道都相切的日心椭圆轨道（双切轨道）运行，就可能与目标行星相遇。为了保证空间探测器沿双切轨道飞到与目标行星轨道相切处时目标行星恰好也运行到该处，必须选择在地球和目标行星处于某一特定相对位置的时刻发射。

空间探测器可以在绕飞行星时，利用行星引力场加速，实现连续绕飞多个行星。它在空间进行长期飞行，地面不能进行实时遥控，所以必须具备自主导航能力；向太阳系外行星飞行，远离太阳，不能采用太阳电池阵，必须采用核能源系统；承受十分严酷的空间环境条件，需要采用特殊防护结构。

◆ "月球轨道器"系列

"月球轨道器"系列任务是拍摄月面地形图，为载人登月选择着陆点做准备。1966 年 8 月~1967 年 8 月，共发射 5 次，全部获得成功，对月面 99% 的区域进行了探测，拍摄了大量高分辨率的照片，选出了 10 个可供"阿波罗号"飞船着陆的候选登月点。此外，它们还获得许多月表的放射性矿物含量和月球引力场等的有用数据。

◆ "阿波罗"系列

"阿波罗"系列是美国总统肯尼迪在 1961 年 5 月 25 日宣布的美国最重要的月球探测计划。该计划从 1961 年开始实施到 1972 年结束，历时 10 年左右，实现了载人登月并安全返回地球的千年梦想，并取回大量月球样品。

◆ 其他探测活动

由于耗资巨大等原因，苏联人在 1976 年发射了"月球 24 号"以后，没有新的大动作。各国的月球探测活动也一度显得沉寂。但是，不甘寂寞的美国人在 1989 年 10 月 18 日发射的"伽利略号"木星探测器，于 1992 年 11 月"顺路"对月球进行了多波段成像，获取的数据被广泛用于月球影像成图和月球物质成分研究方面。1994 年 1 月 25 日，他们又发射了"克莱门汀号"无人月球探测器，在完成测试小型敏感器和轻型航天器部件技术的同时，对月球进行了地貌测绘。1998 年 1 月，执行探测月球的地质结构、矿产分布、气体构成的任务，确定月球上是否存在冰和磁场的"月球勘探者号"探测器发射升空。这是自"阿波罗"载人登月计划结束 25 年以来，美国真正意义上的首次探月飞行。

美国决心登月 》》

说起美国人的登月行动，必须要提到美国第 35 任总统肯尼迪，正是他的决心和魄力，才使美国登月计划成为现实。

肯尼迪

1961 年 4 月 12 日，苏联航天员加加林首次进入太空。当时，刚从床上被叫醒的美国总统肯尼迪知道这个消息后十分震惊，因为这表明苏联在航天技术上已领先了美国一步，也就是说，在太空科技竞赛中美国已处于劣势了。

"这是继苏联第一颗人造地球卫星上天之后，美国人的又一次奇耻大辱！"肯尼迪愤愤地说道。为了迎接苏联人的太空挑战，美国人决心不惜一切代价，重振雄风。肯尼迪很快召集美国各有关部门负责人商量对策，他庄严地宣布道："美国最终将第一个登上月球。"

1961 年 5 月 25 日，肯尼迪在题为《国家紧急需要》的特别咨文中提出，在 10 年内将美国人送上月球。他这样说道："我相信国会会同意，必须在本 10 年末将美国人送上月球，并保证其安全返回……整个国家的威望在此一举。"于是，美国航宇局制订了著名的"阿波罗"载人登月计划。

阿波罗是古代希腊神话传说中掌管诗歌和音乐的太阳神，传说他曾用金箭杀死巨蟒，替母亲报仇雪恨。美国政府选用这位能报仇雪恨的太阳神来命名登月计划，其心情可想而知。但是，建造这样的登月船谈何容易啊！

消息传出，举世震惊。人类多少年来的夙愿难道就要由美国人来实现了吗？不少美国人和其他国家的人对此表示怀疑和担心。是啊，要实现这个计划，需要设计制造出大小与火车头相近的宇宙飞船。为了把它发射上天，还要制造出像足球场那么长的火箭。此外，还要建起一座名为"月球港"，拥有现代化的车间、实验室和办公室的太空中心，还要在全世界建立一系列的跟踪站，而且还要为航天员们建立训练中心，在那里设立登月模拟装置等等。一切的一切，都需要绝对的一丝不苟，精益求精，保证万无一失，在当时的情况下，这能够做到吗？

20 世纪人类最宏伟的工程之一 》》

"阿波罗"载人登月行动堪称 20 世纪人类最宏伟的工程之一。它于 1961 年 5 月正式拉开帷幕，为了保证计划的实现，美国人表现出了极大的爱国热忱，他们采取了后来被事实证明行之有效的"三步走"的办法。

◆ 确定登月方案

登月方案包括论证飞船登月飞行轨道和确定载人飞船总体布局。美国的有关科学家为实施"阿波罗"载人登月计划拿出了四种方案，即"直接登月""地球轨道会合""月球轨道会合""月球表面会合"。但是，每种方案随后都表明存在着各种不易解决的问题。后来，一位名叫霍博特的工程师提出了第五种方案——月球轨道会合方案，这种方案的要点是：从地球上发射一枚推力为 750 万磅（340.8 万千克）的"土星 5 号"火箭，将装载三名航天员的"阿波罗"飞船推向月球。"阿波罗"飞船绕着月球轨道运行，但整艘飞船并不在月球上降落，而是释放载两人的登月舱降落月球表面，第三名航天员则留在飞船上。当他的两

人类登月活动

个同伴在勘察月球表面时，他一路环绕月球飞行。当勘察工作完成后，月球上的两名航天员就乘登月舱的上升段返回月球轨道，与绕月飞行的飞船对接，三人会合后返回地球。经过反复论证，最后选定了月球轨道会合方案，相应地确定了由指令舱、服务舱和登月舱组成飞船的总体布局。

◆ 实施四个辅助措施

（1）在 1961～1965 年发射了 9 个"徘徊者"探测器，用以了解未来的"阿波罗"飞船在月面着陆的可能性。（2）1965～1968 年发射 7 个"勘测者"探测器，了解月球土壤的理化特性。（3）1966～1967 年发射 5 个探测器，对 40 多个预选着陆地点进行详细观测，从中选出 10 个登月点。（4）1965～1966 年发射 10 艘"双子星座"飞船，进行生物医学研究和操纵飞船机动飞行、对接及舱外活动训练等。

◆ 研制运载火箭和飞船

研制低轨道运载能力为 127 吨的大推力"土星 5 号"运载火箭和"阿波罗"飞船，这是该工程的"重头戏"。

◆ "阿波罗"登月行动

"阿波罗 1 号"——1967 年 1 月 27 日，准备进行载人模拟发射，在地面做测试时座舱失火，三名航天员丧生。

"阿波罗 2～6 号"——1967 年～1968 年，吸取"阿波罗 1 号"的

惨重教训，"阿波罗"飞船进行了5次不载人在地球轨道上的飞行试验。

"阿波罗7号"——1968年10月11日，"阿波罗"飞船进行载人绕地球飞行试验。第一次载人（不带登月舱）绕地球轨道飞行，试验飞船性能和航天员在地球轨道的活动能力。

"阿波罗8号"——1968年12月21日，"阿波罗"飞船进行载人绕月飞行试验。第一次成功实现载人（不带登月舱）绕月飞行，近月点约110千米。

"阿波罗9号"——1969年3月3日，"阿波罗"飞船进行载人绕月飞行试验。携带登月舱载人绕地球飞行。

"阿波罗10号"——1969年5月18日，"阿波罗"飞船进行载人绕月飞行试验。携带登月舱载人绕月飞行，并模拟登月，近月点约110千米。

"阿波罗11号"——1969年7月16日，"阿波罗"飞船载人在月球着陆。人类第一次载人飞行登月成功，登月点为静海地区，月面停留21时36分，航天员采集月球样品21.55千克，并在月球上安装了探测仪器。

"阿波罗12号"——1969年11月14日，"阿波罗"飞船载人在月球着陆。人类第二次载人飞行登月成功，登月点为风暴洋地区，月面停留31时31分，航天员在月面工作7小时45分，采集月球样品34.35千克，也在月球上安装了探测仪器。

名人堂

登月第一人

1969 年 7 月 16 日，阿姆斯特朗作为指令长与奥尔德林、科林斯乘"阿波罗 11 号"宇宙飞船飞向月球。7 月 20 日，"阿波罗 11 号"宇宙飞船名为"鹰"的登月舱在月球表面着陆。7 月 21 日，他跨出登月舱，率先踏上月球那荒凉而沉寂的土地，成为第一个登上月球并在月球上行走的人。当时他说出了此后被无数人引用的名言："这是个人迈出的一小步，但却是人类迈出的一大步。"

阿姆斯特朗于 1930 年 8 月 5 日出生在美国俄亥俄州的沃帕科内塔。1949~1952 年期间在美国海军服役，担任飞行员。后来获南加州大学航空工程专业硕士学位，同年进入美国国家航空技术顾问委员会（美国航空航天局前身）刘易斯飞行推进实验室工作，后在爱德华兹高速飞行站任试飞员。1962~1970 年在休斯敦的美国航空航天局载人宇宙飞船中心任航天员。1966 年 3 月为"双子星座 -8 号"宇宙飞船特级驾驶员。

1999 年 7 月 20 日，美国政府在华盛顿航空航天博物馆举行仪式，纪念人类首次登月 30 周年。阿姆斯特朗与他的同伴奥尔德林及科林斯一道被戈尔副总统授予"兰利金质奖章"。

"阿波罗 13 号"——
1970 年 4 月 11 日，载人月
球着陆。在进入环月轨道前，
因服务舱氧气罐爆炸而取消
登月，绕过月球成功返回。

"阿波罗 14 号"——
1971 年 1 月 31 日，载人月
球着陆。人类第三次载人飞
行登月成功，登月点为弗拉
摩洛高地，月面停留 33 时
30 分，航天员在月面工作
9 时 22 分，采集月球样品
42.28 千克，在月球上安装了
探测仪器。

"阿波罗 15 号"——
1971 年 7 月 26 日，载人月
球着陆。人类第四次载人飞
行登月成功，登月点为哈德
利月溪附近，月面停留 66 时
55 分，航空航天员在月面工

作 18 时 35 分，采集月球样品 77.5 千克。第一次携带月球车登月勘察，
月球车在月面行程 27 千米，还投放了测量月球周围粒子和磁场情况的
子卫星。

"阿波罗 16 号"——1972 年 4 月 16 日，载人月球着陆。人类第
五次载人飞行登月成功，登月点为笛卡儿高地，月面停留 71 时 2 分，
航天员在月面工作 20 时 14 分，采集月球样品 95.71 千克。第二次携带

月球车登月勘察，月球车行程 27.1 千米，也投放了测量月球周围粒子和磁场情况的子卫星。

"阿波罗 17 号"——1972 年 12 月 7 日，载人月球着陆。最后一次载人飞行登月成功，登月点为陶拉斯 – 利特罗山谷，月面停留 74 时 59 分，航天员在月面工作 22 时 3 分，采集月球样品 110.52 千克。第三次携带月球车登月勘察，月球车行程 36 千米。

◆ "阿波罗"计划的效益

整个"阿波罗"载人登月计划共耗资 255 亿美元，是当代规模最大、耗资最多的科技项目之一。它的实施催生了 20 世纪六七十年代液体火箭、微波雷达、无线电制导、合成材料、计算机等高科技工业。后来又由于将该计划中取得的技术进步成果向民用方面转移，带动了整个科技的发展与工业繁荣，其二次开发应用产生的效益，远远超过计划本身所带来的直接经济效益与社会效益。据不完全统计，从"阿波罗"载人登月计划派生出了 3000 多项应用技术成果。在登月后的短短几年内，这些应用技术就取得了巨大的效益。

光荣的"阿波罗 11 号"飞船 》》

　　1969 年 7 月 16 日，是人类历史上具有特殊意义的一天。美国"阿波罗 11 号"飞船载着阿姆斯特朗、科林斯和奥尔德林等三名航天员开始了拜访月球的航行。

　　"阿波罗 11 号"飞船的发射现场位于美国佛罗里达半岛的肯尼迪航天中心，当时针指向美国东部地区夏令时 9 时 32 分（世界时 13 时 32 分），"土星 5 号"火箭徐徐离开地面，推动"阿波罗 11 号"飞船，带着整个人类的光荣和梦想出发了。

　　发射后 2 分 42 秒，第一级火箭自动脱落。当达到 182 千米高度时，第二级火箭自动脱落，这时飞船的速度达到每秒 68 千米。离地 9 分 5 秒后，第三级火箭发动机启动工作，此时，飞船的高度为 2650 千米，速度为每秒 7.67 千米。

　　从地球到月球大约有 38 万千米，飞船经过 75 小时的长途跋涉后，按照地面指挥中心的命令，减速飞行，进入了远月点 313 千米、近月点 113 千米的椭圆轨道。航天员们开始紧张地进行着登月前的准备工作，其中最主要的一项是指令长阿姆斯特朗和登月舱驾驶员奥尔德林要进入名字为"鹰"的登月舱，而指令舱驾驶员科林斯则仍留在称作"哥伦比亚"的指令舱中。

　　登月舱的发动机被点燃后，很快与指令舱分离，载着两名航天员缓慢朝月球飞行，指令舱则继续绕月飞行。7 月 20 日 20 时 17 分 43 秒（世界时。本部分以下所述时间同），"鹰"在月面静海上的一角平稳降落。21 日 11 时 39 分，阿姆斯特朗打开登月舱的舱门挤了出去，他小心翼翼地把梯子竖在月面（在地球上未曾模拟过此动作）上后，带着电视摄像机慢慢走下梯子，踏上月球表面。15分钟后，奥尔德林也踏上了月球，成为第二个踏上月球的人。

阿姆斯特朗把一根标桩打入土里，把电视摄像机架在上面。他和奥尔德林树立起了一块纪念碑。碑上题着"公元1969年7月，来自地球的人类第一次登上月球，我们为全人类的和平而来"字样，并标有地球东西半球图像及航天员和总统尼克松的签名。他们神色庄重地将一面用铁丝缚在旗杆上的美国国旗安插在了月面上。之后，阿姆斯特朗与美国总统尼克松通了电话，他们交谈了足足5分钟。阿姆斯特朗和奥尔德林在月球表面安放了"阿波罗"载人登月计划初期科学实验组件，其中包括一台被动式月震仪和一台激光测距反射镜。他们使用铲子和带有爪的探杆进行了岩石和土壤标本的收集。阿姆斯特朗还走到了距离登月舱100米左右的地方（这是他们两人在月球表面最远的活动距离），把一个缅怀为航天事业牺牲的航天员纪念牌放在了月面上。

3个小时过后，他们在地面中心的命令下停止作业，从月球返回登月舱内。22日6时35分，登月舱"鹰"与在空中等候的"阿波罗11号"指令舱对接成功。随后，登月舱被甩向了太空。他们很快就离开环月轨道，踏上返回地球的旅途。

7月24日16时50分，"阿波罗11号"飞船的指令舱和三名登月英雄降落在太平洋中部的海面上，人类首次登月宣告圆满结束。守候在那里的航空母舰"大黄蜂号"上的直升机立即出动，尼克松总统亲自登上了回收船欢迎航天员返回地球。

为了保证阿姆斯特朗、科林斯和奥尔德林三名航天员没有在月球上感染某种未知疾病，他们接受了隔离检查。8月13日，他们离开了隔离区并接受美国民众的欢呼，同一天在纽约、芝加哥和洛杉矶都举行了为他们庆祝的游行。当日晚上，在洛杉矶为"阿波罗11号"成员举行国宴，总统尼克松向每名航天员颁发了总统自由勋章。之后，他们被派到国外进行了一次为期45天的"伟大的一步"访问，先后去了25个国家。如今，"阿波罗11号"飞船的指令舱被陈列在华盛顿的美国国家航空航天博物馆的主展厅正中。

日本的探月计划》》

日本的探月计划从20世纪80年代中期启动。它的第一个月球探测器是1990年1月发射的"缪斯A"科学卫星，这颗卫星进入太空后更名为"飞天号"。日本成为继美国和苏联之后，世界上第三个进行月球探测的国家，打破了两个超级大国的垄断格局。

遗憾的是，"飞天号"在接近月球后与地面失去联系，没有从环月轨道上发回数据，最终在1993年4月坠毁在月球上。

◆ "月球A"计划的流产

日本人在汲取了失败的教训以后，又于1991年启动了"月球A"计划，其主要目标是在1995年发射月球探测器"月球A"。这一探测器计划携带两个穿透式着陆器，并在接近月球后将它们发射，用以探查月球内部构造、组成和热状态等。由于在研究过程中缺乏统筹安排，同时又太急于求成，虽然探测器在 1996 年就已研发成功，但着陆器的技术难关却一直难以攻破。经过 6 次延期，着陆器的研发难题终被解决。然而，在仓库中沉睡了 10 多年的探测器因严重老化而无法进行发射。日本宇宙航空研究开发署被迫在 2007 年 1 月取消了已持续 10 余年的"月球 A"计划。

◆ "月亮女神号"的胜利之光

1999 年，日本宇宙航空研究开发署利用当时最新的研发技术，开始了研制新型月球探测器的尝试。经过多年的努力，"月亮女神号"月球探测器终于在 2006 年 10 月中旬进入了最后的调试阶段。但是，之后其又由于出现技术故障而被迫推迟发射。

几经波折之后，日本的"月亮女神号"月球探测器终于在 2007 年 9 月 14 日搭乘 H2A 火箭发射升空。日本也在当年 11 月公布了用"月亮女神号"所获数据制成的月球动画。

按照日本宇宙航空研究开发署的计划，"月亮女神 2 号"将在 2012 年发射，而"月亮女神 X 号"也将于 2017 年发射。这些探月计划包括月球车、月球望远镜的研制以及在月球表面建立科学设备网络等内容。

"阿波罗11号"飞船

　　"阿波罗11号"飞船由指令舱、服务舱和登月舱三个部分组成。

　　指令舱：航天员在飞行中生活和工作的座舱，也是整个飞船的控制中心。其为圆锥形，高3.2米，重约6吨。分前舱、航天员舱和后舱三部分。前舱内放置着陆部件、回收设备和姿态控制发动机等。航天员舱为密封舱，存有供航天员生活14天的必需品和救生设备。后舱内装有10台姿态控制发动机，各种仪器和贮箱，还有姿态控制、制导与导航系统以及船载计算机和无线电分系统等。

　　服务舱：前端与指令舱对接，后端有推进系统主发动机喷管。舱体为圆柱形，高6.7米，直径4米，重约25吨。主发动机用于轨道转移和机动变轨。姿态控制系统由16台火箭发动机组成，它们还用于飞船与第三级火箭分离、登月舱与指令舱对接和指令舱与服务舱分离等。

　　登月舱：由下降段和上升段组成，地面起飞时重14.7吨，宽4.3米，最大高度约7米。其中下降段由着陆发动机、四条着陆腿和四个仪器舱组成。上升段为登月舱主体。航天员完成月面活动后驾驶上升段返回环月轨道与指令舱对接。上升段由航天员座舱、返回发动机、推进剂贮箱、仪器舱和控制系统组成。

欧洲人的"灵巧" >>

"斯玛特 1 号"是欧洲航空航天局发射的第一个月球探测器。2003 年 9 月 27 日，它搭乘欧洲"阿里亚娜 5 型"火箭从法属圭亚那库鲁航天发射中心起飞，顺利进入地球同步转移轨道。为节省成本，它被安排了一个螺线形的飞行路径，多花时间节省能源。经过约 14 个月的飞行，它于 2004 年 11 月 15 日抵达月球上空的近月轨道。又花了大约 2 个月的时间调整轨道之后，它关闭发动机，完全靠月球引力做绕月飞行。

◆ 灵巧的"斯玛特 1 号"

"斯玛特"是"SMART"的音译，SMART 既是构成这个探测器的几个英文词的首字母，同时也是一个单词，所以也有人按照该词的意义将这个探测器称为"灵巧 1 号"。

"斯玛特 1 号"探测器是一个小型化航天器的杰作，它大量采用模块化、通用化设计和商用现货软硬件研制而成。它的起飞质量为 370 千克，在太空展开后，其外形呈现为长 1570 厘米、宽 115 厘米、高 104 厘米的立方体；太阳电池板翼展为 14 米，提供的电力为 1.9 千瓦。"斯玛特 1 号"整个造价约为 1.08 亿美元。虽然其有效载荷质量仅为 19 千克，但却包括了分别用于研究月面化学成分、探寻月球极地坑内冰块、绘制月球矿物图、测绘月面地形、监测太阳 X 射线和阳光变化、近距离观测太阳风对月球的影响等 10 多项技术试验和科学研究的仪器设备。

按照设计和计划，它本应在 2005 年 8 月结束探月旅程，但由于表现出色，欧洲航空航天局的专家们一致决定将它的服役时间延长一年。

这样，直到 2006 年 9 月 3 日，"斯玛特 1 号"才以 7000 千米的时速完成撞击月球的最后任务，结束了自己的使命。

中国人的"嫦娥" ≫

◆ 嫦娥奔月——远古的飞天梦

传说尧时天上十日并出，天气十分炎热，土地被烤得龟裂，庄稼都枯死了，一些怪禽猛兽也都从江湖和森林里跑出来，人世间生灵涂炭。这场灾难惊动了天帝，他命善于射箭的后羿携妻子嫦娥下到人间，射掉多余的九个太阳，为民解灾。

后羿射下了九个太阳，解救了老百姓，受到天下老百姓的爱戴。他的丰功伟绩遭到了其他天神的妒忌，他们到天帝那里去进谗言，使天帝疏远后羿，最后把他永远贬斥到人间。受了委屈的后羿和妻子嫦娥只好隐居在人间，靠打猎为生。

后羿觉得对不起受他连累而谪居下凡的妻子，便到西王母那里求来了长生不死之药，好让他们夫妻二人在

世间永远生活下去。嫦娥却过不惯清苦的生活，乘后羿不在家的时候，偷吃了全部的长生不死药，飞到月亮里去了。嫦娥飞到月亮里以后，很快就后悔了，她想起了丈夫平日对她的好处和人世间的温情，再对比月亮里的孤独，倍觉凄凉。

◆ 万户——人类飞天第一人

中国是一个有着五千多年灿烂文明的国家，航天技术曾经居于世界的前列。明朝的一名万户陶成道将自己绑在捆有 47 枚自制火箭的椅子上，两手各持一个大风筝，然后叫人点火发射。他设想利用火箭的推力，加上风筝的力量飞起。不幸火箭爆炸，他也为此献出了生命。他的尝试虽然失败了，但他为实现飞天梦想而做出的壮举，使他成为人类文明史上飞天尝试的第一人。但是，由于历史等方面的原因，中国的航空航天技术长期徘徊不前，渐渐地落在了一些国家的后面。

◆ 开路先锋——"嫦娥一号"

2007 年 10 月 24 日 18 时 5 分，中国自主研制的首个月球探测器——"嫦娥一号"探测器在西昌卫星发射中心由"长征三号甲"运载火箭发射升空。中国由此成为世界上第五个发射月球探测器的国家。

"嫦娥一号"是以中国古代神话人物"嫦娥"的名字命名的。探测卫星本体为一个 2 米 ×1.72 米 ×2.2 米的长方体，两侧各有一个太阳电池板，完全展开后最大跨度达 18.1 米，重 2350 千克。探测卫星主要由卫星平台和有效载荷两大部分组成。

"嫦娥一号"卫星平台由结构，热控制，供配电，制导、导航与控制，测控和数据传输，数据管理，推进，定向天线，有效载荷这九个分系统构成。这些分系统各司其职、协同工作，保证月球探测任务的顺利完成。

　　"嫦娥一号"有效载荷用于完成对月球的科学探测和试验，包括微波探测仪系统、γ射线谱仪、X射线谱仪、激光高度计、太阳高能粒子探测器、太阳风离子探测器、CCD立体相机、干涉成像光谱仪等八种科学探测仪器。

　　2009年3月1日16时13分10秒，"嫦娥一号"在北京航天飞行控制中心的精确控制下，准确落于月球预定撞击点。在撞击过程中，它传回了清晰的实时图像。

　　从发射升空开始，到准确受控撞月结束，"嫦娥一号"累计飞行494天，其中环月482天，其间经历3次月食，5次正侧飞姿态转换，共传回1.37TB的有效科学探测数据，获取了全月球影像图、月表部分元素分布、月表土壤厚度等一系列科学研究成果，圆满实现工程目标和科学目标。

◆　"嫦娥一号"的姐妹星

　　2010年10月1日18时59分57秒，中国第二位月球使者"嫦娥二号"从西昌卫星发射中心出发。"嫦娥二号"的重量为2480千克，其中燃料重量约1300千克，七种科学探测设备重约140千克。它原本是"嫦娥一号"的备份星。因为"嫦娥一号"出色地完成了探月一期工程目标，没有必要再发射备份星，所以，为了最大限度节省国家的资金，对其进行了一系列技术改进，把它改造成了探月二期工程的先导星。从外观来看，"嫦娥二号"和"嫦娥一号"的大小和形状几乎完全一样，可谓"孪生姊妹"。

　　"嫦娥二号"作为探月二期工程的先导星，在工程上的主要任务是试验验证与月面软着陆相关的部分关键技术和新设备，试验新的奔月轨道，降低探月二期工程的技术风险；其在科学上的首要任务是对月面着陆区进行详查，精细地测绘着陆区的地形地貌，以利于今后"嫦娥三号"安全地在月球表面软着陆。它的表现将为探月二期工程的实施成功奠定科学和技术基础。

2011 年 6 月 9 日 16 时 50 分 5 秒，"嫦娥二号"飞离月球轨道，飞向 150 万千米外的第二拉格朗日点进行深空探测，以此证明中国目前已经有能力到达那里，为以后进行火星探测等其他深空探测打下良好的基础，并储备一些宝贵的信息材料。"嫦娥二号"成为第一颗直接从月球轨道飞向深空轨道的卫星。

◆ 了不起的"嫦娥三号"

2013 年 12 月 2 日 1 时 30 分，中国第一个月球软着陆的无人登月探测器"嫦娥三号"在西昌卫星发射中心由"长征三号乙"运载火箭送入太空。"嫦娥三号"探测器由着陆器和巡视器（即月球车）组成，其主要任务是调查月表形貌、地质构造、月表物质成分和可利用资源，探测地球等离子体层等。

"嫦娥三号"的整个探测过程包括地月转移、环月、软着陆、巡视勘察几个阶段，需要攻克多项关键技术。它与"嫦娥一号""嫦娥二号"都不一样，是一次性进入距月球 100 千米高的圆形轨道。因为能源受到限制，"嫦娥三号"运行一段时间后轨道变成 100 千米 × 15 千米的椭圆轨道。与发射、近月制动、变轨等阶段相比，落月更为关键。着陆是从距月面 15 千米时开始下降，要在短短的几百秒内安全降落到月面预选着陆区，这是一个全新的，也是一个最重要的考验。

"嫦娥三号"取得了丰硕的科研成果，完成首幅月球地质剖面图，完成首次天体普查，首次证明月球没有水，首次获得地球等离子体层图像。"嫦娥三号"的成功发射标志着我国已经成为一个名副其实的航天大国。

"嫦娥一号"的八大精彩足迹

中国首个探月使者——"嫦娥一号",从发射升空追逐梦想,到准确受控撞击月球,一系列的精彩足迹,永久地留在了人们的记忆和人类探月的图谱中。

足迹之一:梦想起飞

2007 年 10 月 24 日 18 时 5 分,西昌卫星发射中心。"长征三号甲"运载火箭托举着"嫦娥一号"顺利升空;18 时 30 分许,星箭分离,卫星在太平洋上空以接近 8 千米/秒的速度进入预定的大椭圆轨道;19 时 9 分,"嫦娥一号"发射成功,"嫦娥"奔月旅程正式开始。

足迹之二:地月大转移

2007 年 10 月 31 日 17 时 15 分,南太平洋上空 600 千米。"嫦娥一号"底部发动机点火。推力为 490 牛顿的发动机通过连续 10 多分钟的点火,使体重 2300 余千克的"嫦娥"飞行速度提高到 10.58 千米/秒以上,进入我国科学家们为其设计的地月转移轨道,顺利与月球交会。

足迹之三:成为"月球卫星"

2007 年 11 月 5 日 11 时 15 分,近月点。第一次近月制动即"刹车"准确实施,"嫦娥一号"成功被月球引力捕获,进入周期 12 小时、近月点 210 千米、远月点 8600 千米的绕月椭圆轨道,投入月球怀抱,成为一颗真正的"月球卫星"。

足迹之四：进入"使命轨道"

2007年11月7日，127分钟月球轨道。"嫦娥一号"的首飞实现"准确发射，准确入轨，精密测控，准确变轨，成功绕月"。

足迹之五：中国首幅月图亮相

2007年11月26日9时40分许，38万千米外月球轨道。来自"嫦娥一号"的一段语音和歌曲《歌唱祖国》于11月26日上午从月球轨道传回。9时40分许，我国首次月球探测工程第一幅月面图像通过新华社传到了世界各地。

足迹之六：中国首幅月球极区图像公布

2008年1月31日，首幅由"嫦娥一号"拍摄的月球极区图像正式发布。这是我国首次获得此类图像。

足迹之七：中国首幅全月球影像图发布

2008年11月12日15时5分，由"嫦娥一号"拍摄数据制作完成的中国首幅全月球影像图公布。

足迹之八：撞击月球——最后一抹绚烂

2009年3月1日16时13分10秒，在科技人员的精确控制下，"嫦娥一号"准确落入东经52.36度、南纬1.50度的月表指定区域，成功完成硬着陆。

航天员眼中的月球 》》

月球表面的风光如何呢？以前，人们只能通过想象来创造一系列美丽的神话传说。自从航天员多次乘坐宇宙飞船进行月球探险之后，人们慢慢了解到原来月球与地球是俨然不同的两个世界。

◆ 古人的想象：吴刚伐桂

相传，在月亮上的广寒宫前有一棵生长繁茂、高五百多丈的月桂树。汉代西河地区有一个叫吴刚的汉子，跟随仙人修道成仙，来到了天界。由于他不谨慎，接连犯错误，天帝为此大为震怒，就把他打入月宫，命令他每天去砍伐那棵月桂树，以示惩处，并对他说："如果你能够把这棵桂树给砍倒的话，就会立刻获得自由。"吴刚心里想，这有什么难的呢？但是，当他真正砍伐起来，就发现实际情况并不像自己想象的那样简单。原来，他每次砍下去之后，被砍的地方立即就会愈合。无奈，他只好日复一日地砍下去。千万年过去了，那棵桂树依然如旧，每临中秋，馨香四溢。这时，吴刚忽然想起来，人间还没有桂树，于是就偷偷地把桂树的种子撒到了人间。这样，人间就长出了桂树，开出了桂花，酿出了桂花酒。

◆ 今人的发现：荒寂的月球

月面上一片寂静，满目荒凉，整个月面覆盖着一层碎石粒和浮土，在明亮的阳光照射下，月球到处是裸露的岩石和环形山的侧影，没有任

人类登月活动

93

何生命存在的迹象。根本看不到嫦娥起舞、吴刚伐桂的身影，更没有什么广寒宫可居住。月面上没有云雾，没有晚霞和曙光；没有风、雨、雷、闪电，永远是晴天。站在月面上的第一感觉，就是月面的天地太狭小，不像地球上天地之间那么深远开阔。天文学家讲，这是因为月球的体积比地球小得多。站在月球上，一般人的平视距离只有 2.5 千米，而在地球上的平视距离是 5 千米。

名人堂

"抗命"的艾伦·谢泼德

　　艾伦·谢泼德绝对是美国登月航天员当中最年长、最有个性的人。别人想不到或者不敢干的事情，他如果认准了，准保能够做得出来，有时连顶头上司都对他无可奈何。

　　1961 年 4 月 12 日，苏联航天员加加林上天的消息震动了美国朝野，美国为此加快了航天员的训练计划。5 月 2 日，谢泼德满怀希望地进入"水星－红石 3 号"飞船，在闷热的舱中等了半天，最后又不得不退了出来，因为发射计划推迟了。当他再次进舱后，也是好几个小时还不见动静，急得他向控制室大喊："我要撒尿！"当时航天服还没有集尿和排尿装置，而且穿戴一次要花费好长时间。控制室经过研究后只好尴尬地命令他"就地解决"。

1961 年 5 月 5 日，时年 37 岁的谢泼德终于成为美国第一位"太空人"，同时也是世界上继加加林之后第二位到达太空的

人。他在太空飞行时，曾经情不自禁地欢呼道："多么美丽的景观！""这是火箭工程一次完美的作业。"但是，那次降落过程中由于技术设备的缺陷，他受到了 10 倍重力的超重，以致身体失去了平衡能力。幸而他及时动了手术，又一直坚持锻炼，身体顺利康复，最终又实现了登月的愿望。

1971 年，当谢泼德所在的"阿波罗 14 号"飞船飞近月球时，飞船上的仪表突然发出了错误的讯号，还未从"阿波罗 13 号"失事阴影中摆脱出来的地面控制人员立即下令"不准登月"。可是，经验丰富的谢泼德已经找到了症结所在，他毅然采取了"将在外，君命有所不受"的态度，果断向月面降落。然而祸不单行，登月舱上的雷达又突然失灵了，地面控制人员急得团团转，在绝望中命令他们拔下插头重插一次。不料此举竟然奏效，于是一次几近流产的登月活动成了一次轰动世界的壮举。

人类登月活动

◆ 从月球上看地球：蔚蓝的星球

站在月球上看，地球是月球天空中最大的天体，看上去比太阳还要大10多倍。在月球的天空中，地球还是唯一的一个有着多层次色彩的天体，就好像是一个又大又亮的被蓝色玻璃罩罩着的圆盘，其四周被不断变幻的缭绕的云雾所遮掩，看不清轮廓，尽管暗绿色的平原、棕黄色的陆地、暗蓝色的海洋以及白色的极地尚能分辨，但细节却难以看清。在月球漫长的黑夜里，一轮硕大无比的地球高悬于天空，发出耀眼的光芒，其大小比地球上看到的满月要大14倍、亮80倍。由于月球是同步自转的，这使人感觉地球总是固定在月球天空中某个位置上，既不会升起，也不会下落，而且能看到地球的地方也仅局限于月球的正面。当然，随着观察者在月球正面上位置的不同，看到地球在月球天空中的位置也不同。虽然在月球上看地球没有升落的变化，但太阳仍有升有落，而且伴随着太阳的升落，在月球上看到的地球也会出现各种不同形状。此外，由于地球自转速度较快的缘故，在月球上看地球时，大约每隔24小时50分钟就可以环地观光一周，饱览五洲四海。

建立梦想家园 〉〉

在月球上建设家园，这是远古时人类就有的梦想。近代以来，一批极富想象力的幻想家和科幻作家又先后提出了建设月球基地的设想。随着科学技术的发展，科学家和工程师们正在努力探索着建设月球基地的工程方法，期望早日把它变为现实。

◆ 月球基地发展战略

根据目前的运载火箭航天运载能力和航天技术水平，有科学家提出了一个不同阶段月球基地建设的任务设想，它被业内人士称为"四步走方案"。其主要内容是：

第一步是做准备工作。首先是积累建设月球基地需要的科学数据，包括绘制高分辨率月球三维图像，探测月球环境和资源，完成月球基地的选址等；其次是对月球基地建设任务进行规划，确定月球基地建设的任务和研究计划；再次是开发建设月球基地和月表应用的各种技术。在这个阶段，月球探测器和月球机器人将发挥重要作用,让月球机器人"驻"在月球上，为建设月球基地进行充分的准备。

第二步是建设临时性月球前哨站。这是一个短期运行的小型基地，需要依靠地球提供补给。航天员在这个前哨站可以开展十分有限的科学研究，并为建设永久性月球前哨站做准备。例如，开展提取氧的实验研究，进行植物培育试验和小范围区域性月面探测等。至于这种前哨站的首批入驻者，将是由4~6名航天员组成的小组，成员中除职业航天员外，还将包括地质学家、化学家、生物学家、医生和其他领域的专业人员。

第三步是建设永久性月球前哨站。这一阶段可进行较大范围的区域性月面探测，其中航天员在基地附近区域进行考察，月球机器人将承

人类登月活动

97

担远距离收集样品、安装仪器等工作。主要任务有：研究与验证月球资源的开发和利用技术；建立技术试验基地或多个科学实验室，如研究循环生态系统的先进实验室等；开展长期的航天医学和心理学研究，为人类进行长期行星际航行任务做准备；进行推进剂的试验、生产，开始以月球为中转站进入更远的深空。在这一阶段，将通过在月球上生存和生产的经验积累，为建设更大规模的永久性月球基地奠定基础。

第四步是建成先进的永久性月球基地。在这个阶段，驻月的人数将有较大增加，可以进行多种月球矿产资源和月球能源的开发，可以充分利用月球的环境和位置资源进行太阳系探测、天文观测、特殊材料与生物制品的合成与生产，移动实验室还可以建立"野外营地"。

最终，月球基地将发展成自给自足，具有封闭循环生态系统的月球工厂和月球村，从而实现其重要功能：太空探测的中转站、人类社会资源与能源补给的新生长点、特殊环境的天然实验室、特殊材料的生产基地、深化人类对宇宙认识的科研场所、理想的对天观测和对地监测站。

打造"末日方舟"

新陈代谢是宇宙中不可抗拒的自然规律。地球终归有一天是要老的，是要消失的，而且核战争的危机或小行星的撞击，对地球的安全也构成了严重的威胁。于是，各国科学家们都在思考和研究如何打造新的生存空间来延续人类文明。欧洲航天航空局的科学家们认为，从人类眼下拥有的科技能力来看，应该在月球上打造一座"末日方舟"。

所谓"末日方舟"，就是一个为地球上的幸存者提供重建人类文明的月球资料库。其中包括 DNA 序列、冶金说明和种植庄稼的知识，有阿拉伯语、汉语、英语、法语、俄语和西班牙语等不同版本。储存这些知识的硬盘将被深埋在月球地下的一个地窖里，一旦地球面临被较大的小行星或核战争摧毁的危险时，它就会被激活，通过信号发射器把数据发送给在地球上受到很好保护的接收器。如果在大灾难过后没有接收器保留下来，它会继续不停地发送信息，等待存活下来的人重新制造一个接收器。

科学家们希望能够在 2020 年前就把第一批实验性数据送到月球上保存，它的保存寿命是 30 年，完整的人类文明数据将会在 2035 年正式发射升空。"末日方舟"方案是否可行呢？欧洲航天航空局已经多次召开会议进行论证，但是一直没有公布结果。

"月环"太阳能发电带 》

围绕月球的赤道建一条太阳能发电带，然后将电能转化为微波束和激光束发送回地球，最终再由地面发电站将微波束和激光束重新转换为电能，这是日本清水建筑公司提出的一个雄心勃勃的利用太阳能的计划。他们认为通过这种方式发电可以满足全世界的用电需要。

按照他们的设想，机器人将在建设"月环"太阳能发电带的过程中发挥举足轻重的作用。通过地球上每天 24 小时的遥控操作，机器人将从事各种各样的工作，比如平整场地，组装机器和设备。在机器和设备被运抵月球以前，机器人将在太空中完成对它们的组装。一个由航天员组成的小组将在现场为机器人提供帮助。

人类登月活动

按照他们的规划，"月环"太阳能发电带最初宽度只有数千米，但会逐渐扩展至 400 千米。太阳电池板生成的电力将由电缆输送至月球近侧的传输设施。月球近侧始终面对着地球。在电被转化为微波束和激光束以后，数条直径达 20 千米的天线将把它们传回地球的接收站。无线电导航台会确保微波束和激光束被准确输送至地面接收站。接着，这些能量被重新转化为电能，输送至输电网，或是转换为氢，用作燃料或储存起来。

"月环"项目最大的优势是月球上没有大气，那么就不会出现坏天气或云团，进而可以令太阳电池板的效率最大化。如此一来，"月环"太阳能发电带就能不间断生成清洁能源，从而结束人类对地球上有限的自然资源的依赖。

当然，"月环"太阳能发电带还只是一个美丽的设想，若是要变为现实的话，尚需要经过漫长的艰苦努力。

名人堂

首位长眠月球的天文学家

1999 年 7 月 31 日，美国无人探测宇宙飞船"月球勘探者号"在完成绕月探测使命后，又接受了人类赋予它的最后两项使命：一是把美国已故天体地质学家尤金·苏梅克的骨灰带到月球上"安葬"；二是舍身撞向月球，执行探水的任务。

苏梅克一生致力于研究月球的环形山以及形成这些环形山的月球内部地质活动。他是"阿波罗"载人登月计划的积极参与者，负责向所有登月航天员详细讲解有关月球环形山的知识，并手把手地教会每名登月航天员寻找和鉴别具有研究价值的月岩。另外，他与夫人一道先后发现了30 多颗彗星和 800 多颗小行星，是著名的苏梅克－列维 9 号彗星的发现者。

1997 年，苏梅克在澳大利亚进行一项观测月球环形山的考察任务时不幸遭遇车祸丧生，享年 69 岁。苏梅克在去世之前曾经表示，他这辈子最大的遗憾是"未能拿着地质锤亲手敲敲月球上的岩石"。他的夫人找到了以经营"太空葬"闻名的美国休斯敦太空服务有限公司，让苏梅

人类登月活动

克成为第一位长眠月球的天文学家。苏梅克的骨灰被装入一个跟女士使用的唇膏差不多大小的瓶子内，瓶子上镌刻着苏梅克的同事、亚利桑那大学教授卡罗琳·波尔科为他撰写的"月葬"铭文："这是第一个在地球以外的天体永远安息的地球人。这一点意义非常重大，因为这意味着人类已将领地从地球扩展到了整个太阳系，太阳系正在向我们召唤。"

在月球上建天文观测台 》

许多天体物理学家认为，根据月球表面的特点，在月球上建立天文观测台站可以不受地球大气层的限制，可在从 γ 射线到长无线电波段上进行观测。如果设置一个任何波段的干涉仪阵列，月面上宁静的环境可以保证其测量精度。一些天文物理现象如超新星爆炸和 γ 射线爆裂可以用不同波段进行观测研究。另外，由于没有云层和大气层，观测到的图像更加清晰，不会发生扭曲。

美国该项目研究的负责人告诉人们，在月球上建造天文观测台将更加容易和便宜，因为大多数原料早就以月壤的形式存在了，人们不必携带太多原料，从而可节省大量金钱和物力。目前，月球天文观测台建设项目正在紧锣密鼓的研究之中。

《从地球到月球》和《环绕月球》

　　《从地球到月球》和《环绕月球》是法国著名科幻作家儒勒·凡尔纳的两部作品，曾经引起人们极大的兴趣，激发着人类的探险热情。许多航天员正是读了凡尔纳的这两部作品，才走上科学探险道路的。

　　《从地球到月球》讲述的是这样一个故事：美国南北战争结束后，巴尔的摩城大炮俱乐部的主席、大炮发明家巴比康提议向月球发射一颗炮弹，建立地球与月球之间的联系。法国冒险家米歇尔·阿尔当获悉这一消息后建议造一颗圆锥形的空心炮弹，并自愿乘坐炮弹车厢到月球旅行。这个富有创意的大胆想法在美国引起了轰动。在解决了一系列技术问题，攻克了一道道科学难关之后，在一个天文学上18年一遇的好日子里，哥伦比亚大炮一声怒吼，一颗重达2万磅（约9072千克）的炮弹车厢载着巴比康、米歇尔及另一名探险家尼切尔出发了。但是，由于受到一颗流星的影响，炮弹车厢的飞行轨道发生了些许偏差，他们没有在月球上着陆，而是在离月球4500千米的地方绕月运行。

　　《环绕月球》是《从地球到月球》的续集，描写了巴比康、米歇尔和尼切尔环绕月球飞行的所见所闻及最终返回地球的过程。

在月球上栽种植物 》》

月球的土壤能不能栽种植物呢？这一直是人们所关心的问题。乌克兰的两位科学家科济罗夫斯卡和扎耶茨已经利用性质类似于月球物质的土壤进行试验，培育出了万寿菊。这证明人类今后完全有可能在月球上栽种植物。

科济罗夫斯卡和扎耶茨在试验中使用的月球土壤替代品，是阿诺尔道西特岩粉末。阿诺尔道西特岩是月球岩的一种，属于岩浆岩，它与普通的适合植物生长的土壤没有任何相同之处。当然，单纯使用这种物质培育植物是无法想象的。但只要向阿诺尔道西特岩中加入某些微生物就可以让植物生长并开花。他们解释称，加入的微生物可以改变这种岩浆岩的性质，这样植物就能够获得生长所必需的元素，比如钾等。

欧洲空间研究和技术中心的资深人士这样评价此项研究：目前没有任何证据证明乌克兰科学家们的这项新技术不会给月球带来生机。将地球上的花朵种植在月球上是一个令人鼓舞的象征，就像人类首次将旗帜插在月球上一样。在人类再次登上月球之前，在真正的月球表面栽种植物的试验可以通过探测器和机器人来共同完成。

人类怎样移居月球 》》

人类如果要移居月球的话，首先要解决的就是交通工具的问题。别看早在40多年前"阿波罗号"飞船上的航天员就已经登上了月球，但若是把人类移居到月球上的话，根本不可能重复"阿波罗号"飞船登月所采用的月球轨道交会方式。不说别的，光是人数和运输次数就不得了。用特大推力火箭将飞船直接发射到月球的方法也不可取，因为这种特大推力火箭技术复杂，研制困难，耗资巨大。

有些科学家认为，人类飞往月球目前还有两种办法可以考虑：

（1）地球轨道交会，就是将载人飞船一部分一部分地发射到地球轨道上，在地球轨道上通过交会对接组装成一艘完整的飞船，然后再飞往月球。这种方法的优点是不需要特大推力的火箭；缺点是需要在地球轨道上进行多次和反复的交会和对接，不太容易控制。另外，总的发射费用也不低。

（2）双轨道交会，其特点是在地球轨道和月球轨道上先后进行两次轨道交会和对接。这种方法的发射费用可能比较低，但实际运作起来比较麻烦。

月球将成为"第八大洲"

登月对于人类走向太空具有里程碑式的意义。自从"阿波罗11号"登月成功以后，联合国就宣布，月球是全人类的财富，归全人类共同所有。在月球上开发一片永久性居住的宇宙观测基地，建立城市，然后用大型火箭把人送上月球旅行或者移民，这是许多人雄心勃勃的设想。

有的天文学家指出，月面上的真空、太阳能、安静的环境和自然资源很有吸引力。太阳光挟着宇宙射线穿过1.5亿千米左右真空直达月面，一个直径为61米的阳光反射镜就可聚集3900千瓦的能量。充足的太阳能可以保证工业、农业和居民生活的一切需要。月球岩石大多是含氧化合物，利用太阳能高温可以从月球岩石中提取人类生存必需的氧。月球居住地的食品也可以做到自给自足，因为月球土壤中作物生长所需的元素与地球土壤大致相同，虽然缺少锌、硼、钼等微量元素，但有水后，作物应该能茁壮成长。月球上白天和黑夜各有14天，植物背阳14天并不会枯萎，向阳14天则长势加快。有的太空生物学家建议，可以优先考虑种植西红柿、胡萝卜、茄子、白薯和洋白菜等蔬菜，再扩大到种粮食和水果，逐步形成月球生态系统。有一个45万平方米的农业区，就可以为1万名居民提供丰富的食物了。

在月面上建造房屋需要多种建筑材料。由于运载火箭的有效载荷有限，水泥、钢材和木材等不可能全部从地球上带去，因此就地利用月球上原有的资源制造建筑材料将是一个不错的选择。美国戈达德航天中心的科学家们将胶以及月壤按照一定比例混合后，制造出了月球混凝土。这是一种"胶黏而发出臭味"的物质，像混凝土那样坚硬和坚固。

人类和月球的距离在太空时代里越拉越近，人们有理由相信，未来的月球很可能就成为人类生活的"第八大洲"。

走向宇宙的"大功臣"
——火箭

ZOU XIANG YUZHOU DE

"DAGONGCHEN" ——HUOJIAN

火箭的起源和发展 >>

火箭将人造卫星、宇宙飞船、航天飞机等护送上天，在人类的航天事业中发挥着举足轻重的作用，是人类走向宇宙的"大功臣"。

◆ 中国是火箭的故乡

北宋军官岳义方、冯继升造出了世界上第一个以火药为动力的飞行兵器——火箭。这种火箭由箭身和药筒组成。药筒用竹、厚纸制成，内充火药，前端封死，后端引出导火绳，点燃后，火药燃烧产生的气体向后喷出，以气体的反作用力把火箭推向前，飞行中杀伤敌兵。12世纪中叶，原始的火箭经过改进后，广泛用于战争。如1161年宋军在与

金兵的"采石之战"中所使用的"霹雳炮"，其实就是一种火箭武器。当时在中国民间广为流行的能高飞的"火流星"，实际就是世界上第一种观赏性火箭。随着丝绸之路的发展和繁荣、商船的航行和蒙古人的西征，中国的火箭技术传播到世界各地。

◆ 世界各地的火箭技术先驱者

俄国人齐奥尔科夫斯基最早从理论上证明用多级火箭可以克服地球的引力从而进入太空，他建立了多级火箭理想速度公式。

美国人戈达德是液体火箭的发明者。他从 1921 年开始研制液体火箭发动机，1926 年 3 月 16 日，他研制的液体火箭发射成功。

德国人奥伯特在 1923 年论述了火箭飞行的数学理论，并对火箭结构和星际飞行提出了许多新观念。他的理论在国际上产生广泛影响。

俄罗斯航天之父 》》

"地球是人类的摇篮，但人类不可能永远被束缚在摇篮里。"这是世界上伟大的航天先驱者之一康斯坦丁·齐奥尔科夫斯基的名言。

齐奥尔科夫斯基于 1857 年出生在俄罗斯梁赞省一个美丽的村庄。童年的他活泼伶俐，爱读书，喜欢思考问题，尤其是爱不着边际地幻想。

可是由于家里的条件不好，他只上过几天的村办学校。10 岁时因患上严重的猩红热，他几乎完全失去了听力。生理障碍使他同人们疏远了，但却促使他发奋读书。他自修了中学和大学课程，掌握了数学、物理学、天文学等方面的知识。

齐奥尔科夫斯基受凡尔纳科幻小说的吸引，对升空飞行和太空旅行具

齐奥尔科夫斯基

走向宇宙的『大功臣』——火箭

有浓厚兴趣，也进行了相关的科学研究工作。他设计制造了俄罗斯第一台风洞，最早提出了硬式飞艇思想。为了研究生物在飞行环境中的反应，他设计了一种研究加速度对生物体影响的装置。1883年，他在一篇题为《自由空间》的论文中首次指出利用反作用装置作为外太空旅行工具的推进动力的可能性。他在1893年发表的科幻小说《月球上》及1895年写的《地月现象和万有引力效应》中进一步发展了有关太空飞行的思想。1897年他推导出了著名的火箭运动方程式。在这些工作的基础上，齐奥尔科夫斯基于1898年完成了航天学经典性的研究论文《利用喷气工具研究宇宙空间》，之后又发表了多篇关于火箭理论和太空飞行的论文，系统地建立起了航天学的理论基础。

在对火箭运动理论进行了一番研究之后，齐奥尔科夫斯基又对星际航行问题进行了研究和展望。他在1911年发表的论文中详细地描述了载人宇宙飞船从发射到进入轨道的全过程，内容涉及飞船起飞时的壮观景象、超重和失重对航天员的影响、失重状态下物体的奇异表现、不同高度看地球的迷人景观等。

齐奥尔科夫斯基既是一个踏实的科学家，又是一个热情的探索者。他为航天事业贡献了毕生精力，一生发表了580篇科学论文和科学幻想作品，是现代航天学和火箭理论的奠基人。

现代火箭技术之父 》》

罗伯特·戈达德是美国最早的火箭发动机发明家、现代火箭技术之父。他出生在美国的马萨诸塞州，童年时就显示出对科学幻想和机械的特殊兴趣，常迷恋于科幻小说。1911年，他取得克拉克大学博士学位后留校任教。他在实验室里第一次证明了在真空中可存在推力，并首先从数学上探讨包括液氧和液氢在内的各种燃料的能量和推力与其重量的比值。

罗伯特·戈达德

1921 年 12 月，戈达德完成了第一台液体火箭发动机的研制。1925 年，他完成了液体推进剂的火箭发动机静力试验。1926 年，他在冰雪覆盖的草原上发射了人类历史上第一枚液体火箭。这枚火箭长约 3.4 米，发射时重量为 4.6 千克，空重为 2.6 千克，飞行延续了约 2.5 秒，最大高度为 12.5 米，飞行距离为 56 米。这是一次了不起的成功，它的意义正如戈达德所说："昨日的梦的确是今天的希望，也将是明天的现实。"1929 年，戈达德又发射了一枚较大的火箭，这枚火箭带有一部气压计、一支温度计和一架用来拍摄飞行全过程的照相机，是第一枚载有仪器的火箭。1932 年，戈达德首次采用陀螺控制燃气舵的火箭飞行试验成功。1935 年 3 月 8 日，安装降落伞的火箭试验成功并首次超过声速。

此外，戈达德还获得火箭飞行器变轨装置和用多级火箭提高发射高度的专利，并研制了火箭发动机燃料泵、自冷式火箭发动机和其他部件。他设计的小推力火箭发动机是现代登月小火箭的原型，曾成功地升到约 2 千米的高度。

1945 年，戈达德因病逝世，享年 63 岁。他虽然成功地发射了世界上第一枚液体火箭，但最初并没有得到美国政府的重视和支持。直到 1961 年苏联航天员加加林上天后，美国才发表了戈达德 30 年来研究液体火箭的全部报告。戈达德被追授了第一枚航天勋章。

现代航天学奠基人之一 》》

　　赫尔曼·奥伯特是德国著名的火箭专家。他出生在奥匈帝国的特兰西瓦尼亚（现罗马尼亚锡比乌）。12 岁时，因受凡尔纳《从地球到月球》的影响而迷上了星际旅行。在第一次世界大战中，身为慕尼黑医学院学生的奥伯特被征召到奥匈帝国军队当兵。这期间，他专注于宇宙航行的基础理论研究，阅读了所有能够找到的关于火箭和宇宙航行的著作。战争结束后，奥伯特重新回到校园，不过他没有继续学医，而是选择了物理学。1923 年，他发表了《飞往星际空间的火箭》（1929 年经过修改和充实后改名为《通向航天之路》），这部著作对早期火箭技术的发展和航天先驱者产生了较大的影响。

赫尔曼·奥伯特

　　奥伯特于 1940 年加入德国国籍，受聘于佩内明德研究中心，参与了 V-2 火箭的研制工作。他虽然没有直接参与发明后来的 A-4 火箭发动机，但 A-4 火箭却完全是以他的理论框架为基础的。第二次世界大战后，奥伯特先是到瑞士任火箭技术顾问，后又为意大利海军研究固体推进剂防空火箭。1951 年，他到美国与布劳恩合作，共同为美国空间规划努力。1955～1958 年，他在美国任陆军红石兵工厂的顾问，其间完成了两本书的写作，其中一本是对 10 年内火箭发展的可能性做展望，另一本谈到了人类登月往返的可能性。

　　奥伯特的主要贡献是建立了下列条件之间的理论关系：燃料消耗、

燃气消耗速度、火箭速度、发射阶段重力作用、飞行延续时间和飞行距离等。这些关系是火箭设计要考虑的最基本因素。奥伯特更多地作为一个理论家，而不是一个实验家，影响了整整一代工程师，是现代航天学理论的奠基人之一。

美国运载火箭阵容庞大 》》

◆ "宇宙神"系列

"宇宙神"系列运载火箭于 1958 年 12 月 18 日首次发射，它曾经发射过世界上第一颗通信卫星、美国第一艘载人飞船。目前正在使用的主要有"宇宙神 –2A""宇宙神 –2AS""宇宙神 –3"。正在研制中的"宇宙神 –5"运载火箭的第一级采用了通用模块化设计，其中的重型火箭使用了三个通用模块，其地球同步转移轨道运载能力达到 13 吨。

◆ "德尔塔"系列

"德尔塔"系列运载火箭于 1960 年 5 月 13 日首次发射，迄今已有很多种型号，目前正在使用的主要是"德尔塔 –2"和"德尔塔 –3"两种型号。美国空军的 GPS 卫星全部都是由"德尔塔 –2"发射的。"德尔塔 –3"是在"德尔塔 –2"的基础上研制的大型运载火箭，可以把 3.8 吨的有效载荷送入地球同步转移轨道。美国还正在研制具有多种配置的"德尔塔 –4"子系列，其中重型"德尔塔 –4"的地球同步转移轨道运载能力在 13 吨以上。

◆ "大力神"系列

"大力神"系列运载火箭由洲际弹道导弹"大力神2"发展而来，包括"大力神2""大力神3""大力神34""大力神4""商业大力神3"子系列火箭。"大力神2"系列火箭有"大力神2LV–4""大力神2SLV""大力神2S"等几种型号。"大力神2LV–4"是为双子星座载人飞船计划而服务。"大力神3"系列火箭由美国国防部主持研制，有A、B、C、D、E五种型号，可发射各种轨道卫星，有代表性的是"大力神3C"火箭，该火箭主要用于发射军用同步轨道卫星。"大力神34"系列火箭有34B、34D、34D/惯性上面级、34D/过渡级等几种型号，主要用于发射军用卫星。"商业大力神3"火箭是"大力神34D"的改进型，其设计完全出于商业目的，火箭的各种整流罩可适用于目前各种商业有效载荷。"大力神4"系列火箭是"大力神34D"的改进型，系美国空军预备在航天飞机不能满足军需时使用的火箭，主要用于发射太阳同步轨道大型军用卫星及其他军用卫星。

◆ "土星–V"

"土星–V"运载火箭是美国专为"阿波罗"登月计划而研制的，是迄今为止最大的巨型运载火箭。其起飞重量为3000吨，直径10米，高 110 米，近地轨道运载能力达 97 吨，它能够把重达 47 吨的"阿波罗"飞船送入登月轨道。"土星 –V"曾先后将 12 名航天员送上月球。

俄罗斯运载火箭王牌多 》》

◆ "东方号"系列

"东方号"系列运载火箭是世界上第一种载人航天运载工具。它创造了多个世界第一：发射第一颗人造卫星、第一颗月球探测器、第一颗金星探测器、第一颗火星探测器、第一艘载人飞船和第一艘无人载货飞船。它同时也是世界上发射次数最多的运载火箭系列。其中"联盟号"是"东方号"的一个子系列，主要发射"联盟号"载人飞船和"进步号"载货飞船。

◆ "质子号"系列

"质子号"系列运载火箭分为二级型、三级型和四级型三种型号。目前正在使用的有三级型和四级型两种。三级型"质子号"于 1968 年 11 月 16 日首次发射，其低地轨道运载能力达到 22 吨，是世界上第一种用于发射空间站的运载火箭，曾发射过"礼炮 1 号"至"礼炮 7 号"空间站、"和平号"空间站各舱段和其他大型低地轨道有效载荷。1998 年 11 月 20 日，"质子号"发射了国际空间站的第一个舱段。

走向宇宙的『大功臣』——火箭

◆ "能源号"系列

"能源号"运载火箭是目前世界上起飞质量和推力最大的火箭。其近地轨道运载能力为 105 吨，既可发射大型无人载荷，也可用于发射载人航天飞机。它于 1987 年首次发射成功，曾将苏联的"暴风雪号"航天飞机成功送上天。

◆ "天顶号"系列

"天顶号"系列运载火箭于 1999 年 3 月首次发射成功。它分为两级的"天顶–2"、三级的"天顶–3"和用于海上发射的"天顶–3SL"。其中海上发射的"天顶–3SL"，由美国、乌克兰、俄罗斯和挪威联合研制，其地球同步轨道运载能力为 2 吨。

欧洲人的"阿里安"系列 >>

"阿里安"是由欧洲航天航空局研制的系列运载火箭，该系列已有"阿里安–1"至"阿里安–5"五个子系列，目前正在使用的是"阿里安–4"和"阿里安–5"。

"阿里安–4"于 1988 年 6 月 15 日进行了首次发射，其近地轨道运载能力为 9.4 吨，地球同步转移轨道运载能力为 4.2 吨。

"阿里安–5"于 1997 年进行了首次发射，近地轨道运载能力为 25 吨，地球同步转移轨道运载能力为 7.5 吨。后改进的"阿里安–5"的地球同步转移轨道运载能力提高到 15 吨左右。

中国的"长征"系列 >>

"长征"系列运载火箭是中国自行研制的航天运载工具。1965年开始研制，1970年4月24日"长征一号"运载火箭首次成功发射"东方红一号"卫星。

"长征"系列运载火箭已经拥有退役、现役共计4代17种型号，其中"长征一号""长征二号""长征二号捆""长征三号""长征四号甲"五个型号已退役；"长征二号丙""长征二号丁""长征二号F""长征三号甲""长征三号乙""长征三号丙""长征四号乙""长征四号丙""长征五号""长征六号""长征七号""长征十一号"十二个型号在役。另有"长征五号乙""长征八号"两个型号在研制中，"长征九号"一个型号在论证中。

"长征"系列运载火箭具备发射低、中、高不同轨道，不同类型卫星及载人飞船的能力，并具备无人深空探测能力。 低地球轨道运载能力达到 14 吨， 太阳同步轨道运载能力达到 15 吨，地球同步转移轨道运载能力达到 14 吨。截至 2017 年 7 月 2 日，我国"长征"系列运载火箭已飞行 250 次，发射成功率达 94.40%。

人类航天活动

RENLEI HANGTIAN HUODONG

话说航天器 》》

　　航天器又称空间飞行器、太空飞行器，是按照天体力学的规律在太空运行，执行探索、开发、利用太空和天体等特定任务的各类飞行器。航天器为了完成航天任务，必须与航天运载器、航天器发射场和回收设施、航天测控和数据采集网与用户台站（网）等互相配合，协调工作，共同组成航天系统。航天器是执行航天任务的主体，是航天系统的主要组成部分。

◆ 航天器的分类

　　航天器分为两大类，无人航天器和载人航天器。无人航天器主要包括人造地球卫星、空间探测器和货运飞船；载人航天器主要包括载人飞船、载人空间站和航天飞机。

◆ 航天器的运动原理

　　航天器在天体引力场作用下，基本上按天体力学的规律在空间运动。它的运动方式主要有两种：环绕地球运行和飞离地球在行星际空间航行。环绕地球运行的轨道是以地球为焦点之一的椭圆轨道或以地心为圆心的圆轨道。行星际空间航行的轨道大多是以太阳为焦点之一的椭圆轨道的一部分。航天器克服地球引力在空间运行，必须获得足够大的初始速度。

　　环绕地球运行的航天器，如人造地球卫星、卫星式载人飞船和航天站等要在预定高度的圆轨道上运行，必须达到这一高度的环绕速度，速度方向与当地水平面平行。在地球表面的环绕速度是7.9千米/秒，称为第一宇宙速度。高度越高，所需的环绕速度越小。无论是速度大于或小于环绕速度，还是速度方向不与当地水平面平行，航天器的轨道一般都会变成一个椭圆，地心是椭圆的焦点之一。若速度过小或速度方向偏差过大，椭圆轨道的近地点可能降低较多，甚至进入稠密大气层，不能实现空间飞行。

航天器在空间某预定点脱离地球进入行星际飞行必须达到的最小速度叫脱离速度，又叫逃逸速度。预定点高度不同，脱离速度也不同。在地球表面的脱离速度称为第二宇宙速度。从地球表面发射飞出太阳系的航天器所需的速度称为第三宇宙速度。

◆ 航天器的作用

航天器的出现使人类的活动范围从地球大气层扩大到广阔无垠的宇宙空间，引起了人类认识自然和改造自然能力的飞跃，对经济和社会生活产生了重大影响。

航天器在地球大气层以外运行，摆脱了大气层阻碍，可以接收到来自宇宙天体的全部电磁辐射信息，开辟了全波段天文观测。航天器从近地空间飞行到行星际空间飞行，实现了对空间环境的直接探测以及对月球和太阳系大行星的逼近观测和直接取样观测。环绕地球运行的航天器从几百千米到数万千米的距离观测地球，迅速而大量地收集有关地球大气、海洋和陆地的各种各样的电磁辐射信息，直接服务于气象观测、军事侦察和资源考察等方面。人造地球卫星作为空间无线电中继站，实现了全球卫星通信和广播，而作为空间基准点，可以进行全球卫星导航和大地测量。利用空间高真空、强辐射和失重等特殊环境，人类可以在航天器上进行各种重要的科学实验研究。

◆ 航天器之最

世界上第一个航天器是苏联 1957 年 10 月 4 日发射的"人造地球卫星 1 号"；第一个载人航天器是苏联航天员加加林乘坐的"东方号"飞船；第一个把人送到月球上的航天器是美国"阿波罗 11 号"飞船；第一个兼有运载火箭、航天器和飞机特征的飞行器是美国"哥伦比亚号"航天飞机。第一个飞出太阳系的航天器是美国的"先驱者 10 号"探测器。

加加林

航天器家族的"劳动模范" >>

在航天器这个大家族里边，人造卫星是发射数量最多、用途最广、发展最快的，堪称"劳动模范"。

◆ 人造卫星的分类

按运行轨道分，人造卫星可分为低轨道卫星、中轨道卫星、高轨道卫星、地球同步轨道卫星、地球静止轨道卫星、太阳同步轨道卫星、大椭圆轨道卫星和极轨道卫星。

按用途分，人造卫星可分为科学卫星、技术试验卫星和应用卫星。科学卫星是用于科学探测和研究的卫星，主要包括空间物理探测卫星和天文卫星。技术试验卫星是进行新技术试验或为应用卫星进行试验的卫星。应用卫星是直接为人类服务的卫星，它的种类最多，数量最大，包括通信卫星、气象卫星、侦察卫星、导航卫星、测地卫星、地球资源卫星、截击卫星等。

◆ 人造卫星的组成

人造卫星一般由专用系统和保障系统组成。专用系统是指与卫星所执行的任务直接有关的系统，也称为有效载荷。科学卫星的专用系统则是各种空间物理探测、天文探测等仪器。技术试验卫星的专用系统则是各种新原理、新技术、新方案、新仪器设备和新材料的试验设备。应用卫星的专用系统按卫星的各种用途包括通信转发器、遥感器、导航设备等。保障系统是指保障卫星和专用系统在空间正常工作的系统，也称

人类航天活动

为服务系统。主要有结构系统、电源系统、热控制系统、姿态控制和轨道控制系统、无线电测控系统等。返回卫星则还有返回着陆系统。

宇宙飞船的用途和组成 》》

宇宙飞船又称载人飞船，是一种能够运送航天员到达太空，并保障他们在那里短期生活和工作后安全返回地面的一次性使用的航天器。

◆ 宇宙飞船的用途

宇宙飞船在使用上比较灵活，既可以独立进行航天活动，也可用作往返于地面和空间站之间的"渡船"，还可以与空间站或其他航天器对接后进行联合飞行。宇宙飞船的主要用途如下：

（1）进行近地轨道飞行，试验各种载人航天技术，如轨道交会和对接、航天员出舱进入太空等。

（2）考察轨道上失重和空间辐射等因素对人体的影响，发展航天医学。

（3）为航天站接送人员和运送物资。

（4）利用各种遥感设备对地球进行观测。

（5）进行空间探测和天文观测。

（6）进行登月飞行或行星际飞行。

◆ 宇宙飞船的组成

宇宙飞船一般由乘员轨道舱、返回舱、服务舱、对接舱和应急救生装置等部分组成，登月飞船还有登月舱。

轨道舱是宇宙飞船的重点舱段。它前端的对接机构供飞船与其他飞船或空间站对接用，其下端通过密封舱门与返回舱相连。它是航天员在太空飞行中进行科学实验、进餐、**体育锻炼**、睡觉和休息的空间，其中备有食物、水和睡袋、废物收集装置、观察仪器和通信设备等。轨道舱还可兼作航天员出舱活动的气闸舱。

返回舱是密闭座舱，在轨道飞行时与轨道舱连在一起称为航天员居住舱。在起飞阶段和再入大气层阶段，航天员都是半躺在该舱内的座椅上，并有一定角度克服超重的压力。座椅前方是仪表板，以监控飞行情况；座椅上安装姿态控制手柄，以备自控失灵时，用手控进行调整。在飞船返回地面之前，轨道舱和服务舱分别与返回舱分离，并在再入大气层过程中焚毁，只有返回舱载着航天员返回地面。

服务舱也可称仪器设备舱。它的前端通过过渡舱段与返回舱相连，后端与运载火箭相接。

航天飞机的性质和结构 ≫

◆ 航天飞机的性质

航天飞机又称太空梭或太空穿梭机，是可重复使用的往返于太空和地面之间的航天器。它结合了飞机与航天器的性质，既能把人造卫星等航天器送入太空，也能像载人飞船那样在轨道上运行，还能像飞机那样在大气层中滑翔着陆。它为人类自由进出太空提供了很好的工具，大大降低航天活动的费用，是航天史上的一个重要里程碑。1969 年，美

人类航天活动

国航空航天局提出建造一种可重复使用的航天运载工具的计划。1981年4月12日，第一架航天飞机"哥伦比亚号"发射，航天员约翰·扬和克里平揭开了航天史上新的一页。

◆ 航天飞机的结构

航天飞机主要由轨道器、外储箱和固体燃料助推火箭三大部分组成。轨道器即航天飞机本身，由前、中、尾三段机身组成。

前段结构可分为头锥和乘员舱两部分。头锥处于航天飞机的最前端，具有良好的气动外形和防热系统。前段的核心部分是处于正常气压下的乘员舱。这个乘员舱又分为三层：最上层是驾驶台，中层是生活舱，下层是仪器设备舱。乘员舱为航天员提供宽敞的空间，航天员在舱内可穿普通地面服装工作和生活。一般情况下，舱内可容纳4~7人，紧急情况下也可容纳10人。

中段主要是有效载荷舱，一次可携带质量达29吨的物质，舱内可以装载各种卫星、空间实验室、大型天文望远镜和各种深空探测器等。为了在轨道上施放所携带的有效载荷或回收轨道上运行的有效载荷，舱内设有一两个自动操作的遥控机械手和电视装置。机械手是一根很细的长杆，在地面上它几乎不能承受自身的重量，但是在失重的宇宙空间，却可以迅速而灵活地载卸10多吨的有效载荷。另外，航天飞机中段也是前、后段机身的承载结构。

航天飞机的尾段比较复杂，装有三台主发动机、两台轨道机动发动机和反作用控制系统。在主发动机熄火后，轨道机动发动机为航天飞机提供进入轨道、进行变轨机动和对接机动飞行以及返回时脱离轨道所需要的推力。反作用控制系统用来保持航天飞机的飞行稳定和姿态变换。除了动力装置系统之外，尾段还有升降副翼、襟翼、垂直尾翼、方向舵和减速板等气动控制部件。

航天飞机外部燃料箱的外表为铁锈颜色，它主要由前部液氧箱、后部液氢箱以及连接前、后两部分的箱间段组成。外部燃料箱负责为航天飞机的三台主发动机提供燃料。外部燃料箱是航天飞机三大模块中唯一不能重复使用的部分，发射后约 8.5 分钟，其燃料耗尽，外部燃料箱便坠入到大洋中。

航天飞机的一对火箭助推器中装有助推燃料，平行安装在外部燃料箱的两侧，为航天飞机垂直起飞和飞出大气层进入轨道提供额外推力。在发射后的头两分钟内，与航天飞机的主发动机一同工作，到达一定高度后，与航天飞机分离，前锥段里的降落伞系统启动，使其降落在大洋上，可回收重复使用。

发展载人航天的意义 ≫

（1）载人航天是人类历史上最为复杂的系统工程之一，它的发展取决于整个科技水平的发展。同时，它也影响着整个现代科学技术领域的发展。一个国家载人航天技术的发展，可以反映出这个国家的整体科学技术和高科技产业水平。

（2）发展载人航天是当今各国综合国力的直接体现。各发达国家在发展战略上都将增强综合国力作为首要目标，其核心就是高科技的发展，而载人航天技术就是其主要内容之一。一个国家如果能将自己的航天员送入太空，不仅仅是国力的体现，也将在很大程度上增强民众的自豪感，提高民族精神，增强凝聚力。

（3）在地球资源日渐枯竭的情况下，人类对太空资源的开发和利用日渐重要。浩瀚的太空是拥有丰富资源的巨大宝库，载人航天事业就是通向这个宝库的桥梁。

（4）载人航天事业的充分发展将标志着人类的发展开始进入一个新的阶段。以往只有在科幻电影中才能见到的镜头，将一步步在我们的现实生活中实现，人类转移到其他星球上居住和生活将不再是幻想。

载人航天活动的发展过程 »

　　世界载人航天活动大致经历了三个发展阶段。

　　第一阶段主要是解决如何把人送入地球轨道并安全返回的问题。先发射许多不载人的飞船和生物卫星，用以验证载人航天系统的安全性和可靠性。接着发射载人飞船，航天员在飞行中完成手控定向、姿态调整、观测地球和对地摄影等动作，并进行医学、生物学等科学研究和广泛的技术试验。这一阶段的载人航天活动证实了人在过载、失重、真空和强辐射等恶劣环境下不但能够生存，而且还能有效地工作。

　　第二阶段主要是发展载人航天的基本技术。如飞船的轨道机动飞行，两艘飞船在空间交会和对接以及编队飞行，考察航天员出舱活动的设备和能力等，同时也进行了其他项目的科学研究工作。

　　第三阶段主要是发展实验性航天站，进一步考察人在太空环境条件下长期生活和工作的能力，利用独特环境从事多种学科研究和应用实验，同时也为建立实用航天站积累经验。参加这一阶段活动的有供航天员长期生活和工作的航天站，有运送航天员并能返回地球的载人飞船，也有供应空间站燃料和航天员生活必需品的运货飞船。

载人航天的技术难题 »

　　载人航天是集国家政治、军事、科技实力于一体的高难度系统工程。科学家们经过长期的研究认为，要真正把人送入太空乃至使人长时期在

人类航天活动

太空生活，必须要突破运载工具、人体防护措施和救生技术及安全返回技术等难题。

（1）要研制出推力足够大、可靠性极好的运载工具。为了确保发射时万无一失，运载火箭及飞船的关键部件必须是双备份或三备份，火箭或飞船在上天前，必须经过一系列极严格的地面测试和模拟飞行，直到没有一丝隐患才能上天。

（2）要获得空间环境对人体影响的足够信息，了解人体所能承受的极限条件并找到防护措施。空间环境与地球环境有着天壤之别。太空中高度真空，没有氧气和水，人体如果没有任何保护措施就暴露在这样的环境里，不到一分钟就会由于身体内外的巨大压差而爆炸。

（3）要有可靠的救生技术及安全返回技术。载人航天与不载人航天最大的区别就在于救生技术的应用和安全返回的绝对可靠。载人航天的救生装置有弹射座椅、逃逸塔、分离座舱和载人机动装置等。它们在飞行的不同高度发挥各自的作用。飞船的安全返回也不容易，它需要启动反推火箭减速、调姿、进入返回轨道等技术。此外，还要闯过三道"鬼门关"：一是过载关，飞船高速进入稠密大气层时会产生巨大的冲击过载，就像飞机撞山一般。二是火焰关，飞船返回时与空气的剧烈摩擦会产生几千摄氏度的高温，如果没有防护，钢筋铁骨也会化为灰烬。三是撞击关，尽管飞船降落时有降落伞，它的降落速度仍达到 14 米/秒，如果不采取措施，就是壮汉也会被摔死。此外，落点的精度也是一个大问题，苏联的一艘飞船返回时出现落点偏差，结果营救人员找不到航天员，航天员被困在冰天雪地的森林里差点儿冻死。

空间站的作用和特点 》》

空间站又叫航天站、太空站、轨道站，是一种在近地轨道长时间运行，可供多名航天员巡访、工作和生活的载人航天器。空间站分为单一式空间站和组合式空间站两种。其中单一式空间站可由航天运载器一次发射入轨，而组合式空间站则由航天运载器分批将组件送入轨道，在太空组装而成。

空间站的结构特点是体积比较大，在轨道飞行时间较长，有多种功能，能开展的太空科研项目多而广。空间站的基本组成是以一个载人生活舱为主体，再加上有不同用途的舱段，如工作实验舱、科学仪器舱等。空间站外部必须装有太阳电池板和对接舱口，以保证站内电能供应和实现与其他航天器的对接。

空间站的另一个特点是经济性。例如，空间站在太空接纳航天员进行实验，可以使载人飞船成为运送航天员的工具，从而简化其内部的结构，减少其在太空飞行时所需要的物质。这样既能降低载人飞船工程设计难度，又可减少航天费用。空间站在运行时可载人，也可不载人，只要航天员启动并调试后它可照常进行工作，定时检查，到时就能取得成果。这样能缩短航天员在太空停留的时间，减少许多费用。当空间站发生故障时，可以在太空中维修和换件，延长使用寿命，增加使用期，也能减少航天费用。

此外，空间站能长期（数月或数年）飞行，保证了太空科研工作的连续性和深入性，这对研究的逐步深化和科研质量的提高有重要作用。

人类航天活动

发射空间站的国家 》》

到目前为止，全世界只有两个国家发射了空间站。其中俄罗斯发射得最早，也最多。苏联的"礼炮1号"空间站在1971年4月19日发射后，在太空与"联盟号"飞船对接成功，三名航天员进站内生活工作近24天，完成了大量的科学实验项目，但这三名航天员乘"联盟11号"飞船返回地球过程中，由于座舱漏气减压，不幸全部遇难。"礼炮3号""礼炮4号""礼炮5号"小型空间站均获成功，航天员进站内工作，完成多项科学实验。"礼炮6号""礼炮7号"空间站相对大些，也有人称它们为第二代空间站。它们各有两个对接口，可同时与两艘飞船对接，航天员在站上先后创造过210天和237天长期生活纪录，还创造了首位女航天员出舱作业的纪录。

美国在1973年5月14日成功发射一座叫"天空实验室"的空间站，它在435千米高的近圆空间轨道上运行，航天员用58种科学仪器进行了270多项生物医学、空间物理、天文观测、资源勘探和工艺技术等试验，拍摄了大量的太阳活动照片和地球表面照片，研究了人在空间活动的各种现象。实验室全长36米，最大直径6.7米，总重77.5吨，由轨道舱、过渡舱和对接舱组成，可提供360立方米的工作场所。先后接待三批九名航天员到站上工作，他们在空间站上分别居留28天、59天和84天。"天空实验室"空间站于1979年7月12日在南印度洋上空坠入大气层烧毁。

国际空间站 ▶▶

　　国际空间站（NASA）是一项由六个太空机构联合推进的国际合作计划，也指运行于距离地面 360 千米的地球轨道上的该计划发射的航空器。国际空间站的设想是 1983 年由美国总统里根首先提出的，经过十余年的探索和多次重新设计，直到俄罗斯加盟后，国际空间站才于 1993 年完成设计并开始实施。

　　国际空间站以美国、俄罗斯为首，加拿大、日本、巴西和欧空局（包括比利时、丹麦、法国、德国、英国、意大利、荷兰、西班牙、瑞典、瑞士和爱尔兰等 11 个国家）参与研制。国际空间站设计寿命为 10～15 年，结构复杂，规模大，由航天员居住舱、实验舱、服务舱，对接过渡舱、桁架、太阳电池等部分组成，建成后总质量将达 438 吨，长 108 米、宽（含翼展）88 米，载人舱内大气压与地表面相同，可载六人。

国际知名的载人宇宙飞船 ▶▶

◆ "东方号" 系列

　　"东方号"是苏联最早的载人宇宙飞船系列，也是世界上第一个载人航天器。"东方号"载人航天工程始于 20 世纪 50 年代后期，在载人之前，共发射了 5 艘无人试验飞船。1961 年 4 月 12 日，世界上第一艘载人飞船"东方号"飞上太空，开始了载人航天的时代。苏联航天员加加林乘飞船绕地飞行 108 分钟，安全返回地面，成为世界上进入太空飞行的第一人。

"东方号"飞船由密封座舱（呈球形，重 2.4 吨，内径 2.3 米）和工作舱（由一个短圆柱体和两个截锥体组成，重 2.265 吨，最大直径 2.43 米）组成，总长 4.41 米，最大直径 2.43 米，总质量 4.7 吨，座舱自由空间 1.6 立方米，只能乘坐一名航天员。座舱里有可供飞行 10 天的生命保障系统以及各种仪器设备和弹射座椅。返回前，飞船抛掉末级火箭和工作舱，座舱单独进入大气层。待座舱下降到距地面约 7 千米时，航天员弹出座舱，然后用降落伞着陆。

◆ "上升号"系列

苏联的"上升号"载人飞船是以"东方号"飞船为基础改造而成的，其形状和尺寸大体上与"东方号"相似，长约 5 米，直径 2.4 米，重约 5.5 吨，舱内自由空间 1.6 立方米。和"东方号"载人飞船相比，其主要变化有：为了能容纳三名航天员，去掉了弹射座椅，换上了三个带有减震器的座椅，并把航天服改成了普通的飞行服。去掉弹射座椅后，着陆方式改为座舱整体着陆，主伞由两顶面积为 574 平方米的伞组成。座舱增加了着陆缓冲器，当飞船距地面 1 米时，由触杆式触地开关控

制缓冲火箭点火，实现软着陆。为了实现出舱活动，增加了一个可伸缩气闸舱。气闸舱收缩后高度为 0.7 米，伸长后高度为 2.5 米，内径 1 米。有两个闸门，一个和飞船相连，一个与外界相通，出舱活动完成后，将它抛掉。将生命保障系统的 10 天储备减为 3 天。苏联共发射了两艘"上升号"飞船。第一次的发射时间为 1964 年 10 月 12 日，三名航天员乘"上升 1 号"在太空飞行 24 小时 17 分钟。第二次的发射时间为 1965 年 3 月 18 日，两名航天员乘"上升 2 号"在太空飞行 26 小时 2 分钟。

◆ "联盟号"系列

"联盟号"系列是苏联使用历史最悠久的载人飞船系列，它分为"联盟号""联盟 –T""联盟 –TM"三个发展阶段，技术日益成熟。"联盟号"系列飞船具有轨道机动、交会和对接能力，可为空间站接送航天员，又能在对接后与空间站一起飞行，是苏联载人航天计划中重要的天地往返运输系统。

"联盟号"能乘坐三名航天员。它长 9 米，最大直径 2.72 米，发射重量 6.6 吨，着陆重量 3 吨，航天员活动空间 9 立方米。其中返回舱重 2.8 吨，轨道舱重 1.224 吨，服务舱重 2.654 吨。轨道舱前段有一个用于和"礼炮号"空间站对接的对接口。飞船返回前抛弃轨道舱和设备舱，返回舱单独再入大气层。"联盟号"于 1967 年 4 月 23 日首次发射，至 1981 年 5 月，共发射了 40 艘，其中 22 艘与"礼炮号"空间站实现对接。早期的"联盟号"虽然有许多成功和辉煌，但也发生了两次重大技术故障，造成四名航天员殉职。

"联盟 –T"是"联盟号"的改进型。虽然它的外形、容量和重量与"联盟号"大体相同，但技术上做了许多改进。"联盟 –T"的航天服更为轻薄和柔软；采用了可无人操作的自动计算机设备和带显示屏的数字计

人类航天活动

算机；提高了发动机系统的推力和机动能力；采用了更轻、更结实的壳体材料以及新式的降落伞系统等。"联盟-T"设计成可载2~3人，也可无人飞行，设计寿命14天，与"礼炮号"空间站停靠180天。"联盟-T"总长度7.5米，最大直径2.7米，航天员活动空间9立方米，总重量6.85吨，总推进剂0.7吨。"联盟-T"于1980年6月5日首次发射，至1986年3月一共发射了15艘。

"联盟-TM"是"联盟-T"的改进型。其改进主要涉及飞船的对接系统、通信系统、推进系统、应急救生系统和降落伞系统等。飞船起飞质量7.07吨，返回质量约2.9吨，可送达的有效载荷100千克以下，可返回的有效载荷20~50千克。"联盟-TM"长约7米，最大直径2.7米。"联盟-TM"的主要任务是把航天员送入"和平号"空间站，待航天员完成任务后再把航天员送回地面。1986年5月~2002年4月，"联盟-TM"共发射了34艘，其中"联盟-TM-1"为不载人试飞。

◆ "水星号"系列

"水星号"是美国的第一代载人飞船，总长约2.9米，底部最大直径1.86米，重1.3~1.8吨，由圆台形座舱和圆柱形伞舱组成。座舱内只能坐一名航天员，设计最长飞行时间为2天。其姿态控制系统以自控为主，另有两种手控方式作为备份。航天员仅在必要时使用手控装置控制飞船的飞行姿态，在飞船操纵方面仅起到辅助作用。"水星号"共进行了25次飞行试验，其中6次是载人飞行试验，共历时54小时25分钟。

◆ "双子星座号"系列

"双子星座号"系列是美国的第二代载人飞船，其主要是为"阿波罗"

载人登月飞行计划提供飞行经验，准备各种技术条件。"双子星座号"形状与"水星号"相似，基本呈圆锥形，全长 5.7 米，底部最大直径 3 米，重 3.0 ~ 3.9 吨。

"双子星座号"的结构采用分舱段布局原则，把每个分系统的所有部件都放置在一个紧凑的舱体内，这样既便于检查和组装，又便于出故障时更换。从第五艘到第十二艘"双子星座号"飞船都是用燃料电池，这种电池结构较简单、紧凑，能耐冲击和振动，体积小、重量轻、比功率高。"双子星座号"与"水星号"相比，有较大的改进，可载两名航天员飞行。飞船设计为手控操纵为主，成为迄今为止美国载人空间飞行器中受控程度最高者。在"双子星座号"飞行中，航天员真正成为飞船的驾驶与操纵人员，并且除了进行人对空间环境适应情况的试验外，还进行了一些技术试验，实现了一些空间技术方面的新突破，主要包括航天员舱外活动技术和空间飞行器的交会对接技术，以及使用计算机的自动飞行控制技术。1961 年 11 月~1966 年 11 月，"双子星座号"先后进行了 12 次飞行试验，其中有 2 次为无人飞行，10 次为载人飞行。

◆ "阿波罗"系列

美国的"阿波罗"载人登月飞行计划是人类第一次登上月球的伟大工程，始于 1961 年 5 月，结束于 1972 年 12 月，历时 11 年 7 个月。"阿波罗"载人登月飞行计划的目的是把人送上月球，实现人对月球的实地考察，并为载人行星探险做技术准备。

"阿波罗号"飞船由指令舱、服务舱和登月舱三部分组成，发射上升段时还有救生塔。飞船总重量约 50 吨，高约 16 米，连同救生塔

约 25 米。指令舱为圆锥形，高 3.5 米，底部直径 3.9 米，重约 6 吨；服务舱是一个直径为 3.9 米、高 7.6 米的圆柱体，重约 25 吨；登月舱高 6.9 米，宽 4.3 米，重约 14 吨。

◆ "神舟号" 系列

这是中国在无人飞船的基础上研制出来的载人飞船。2003 年 10 月 15 日，"神舟五号"将航天员杨利伟送入太空，标志着中国成为世界上第三个有能力独自将人送上太空的国家。"神舟五号"由轨道舱、返回舱、推进舱和附加段组成，总长 8.86 米、总重 7.84 吨，可乘一名航天员。其轨道舱在返回舱返回后，继续留在轨道上工作半年左右，相当于一颗对地观察卫星或一个太空实验室。轨道舱留轨利用是中国飞船的一大特色。2005 年 10 月 12 日至 17 日，费俊龙和聂海胜两人乘"神舟六号"完成了太空飞行。"神舟六号"与"神舟五号"在外形上没有差别，仍为推进舱、返回舱、轨道舱的三舱结构。但是根据"神舟五号"的实践经验，在某些设计和制造的技术环节上有了改进。可乘 2~3 名航天员，重量基本保持在 8 吨左右。它是中国发射的第二艘载人飞船，也是中国第一艘执行"多人多天"任务的载人飞船。"神舟七号"是中国发射的第三艘载人航天飞船。由轨道舱、返回舱和推进舱构成，全长 9.19 米，重达 12 吨。2008 年 9 月 25 日，"神舟七号"进入太空，载有翟志刚、刘伯明和景海鹏等三名航天员，完成了中国航天员首次空间出舱活动，同时开展了卫星伴飞、卫星数据中继等空间科学和技术试验。

载人飞船史上的几起重大事故 >>

◆ 地面试验起火

1967年1月27日，美国肯尼迪航天中心34号发射阵地上进行载人飞船地面联合模拟飞行试验。参加试验的三名航天员分别是：曾参加过"水星4号"亚轨道飞行、"双子星座3号"飞行且经验非常丰富的格里索姆上校，曾参加过"双子星座4号"飞行、美国第一个到太空行走的怀特中校，以及准备第一次上天飞行的查非少校。如果这次地面模拟试验成功，这三名航天员将乘"阿波罗4A"飞船进入环地轨道飞行，以考验登月飞行的程度。

试验前，由于凡能发现的易燃易爆物均被移开或拆除，试验组织者认为已没有什么不安全因素，因此在试验现场也就没有安排专门的消防人员、医生和紧急救援人员。

试验按照

程序进行。当进行到最后时，程序突然中断，飞船指令舱起火。从指挥室里的通信电话中，听到舱内的航天员大喊："着火了！"接着又听到"快放我们出去"的喊声。然而，还未来得及打开舱门，在短短的几十秒内，三名航天员就被烧死在舱内。

后来查明，这次起火原因是飞船导线短路，电火花引燃了舱内塑料制品。"阿波罗"飞船采用的是1/3大气压力的纯氧方案，一些在正常空气中本来是耐火的塑料制品，在纯氧中却成了易燃物品。此外，舱门打开时间设计为90秒，着火时船内形成负压，无论在外面还是在里面，舱门在极短的时间内都无法打开。这场火灾造成了飞船地面试验时死亡三人的特大事故，它给后人很多启发。后来的"阿波罗"飞船舱内采取了一系列安全措施，如重新研制舱内材料，进一步完善逃逸救生系统，增加防火措施等。为了考核修改后飞船的可靠性，在原计划外又增加发射了两艘无人飞船。1971年8月2日，"阿波罗15号"登月时，美国航天员将一块刻有已故苏美两国航天员姓名的铭牌安放在月面上。同时将格里索姆、怀特和查非三人的骨灰撒在了那里。他们三人生前未能登上月球，死后终于进入了"月宫"。

◆ 科马罗夫遇难

1967年4月，苏联拟用新研制的"联盟号"飞船进行计划中的登月飞行交会对接模拟试验，安排"联盟1号""联盟2号"分别于4月23日和24日发射，然后于4月25～26日在地球轨道上交会对接，并实现空间转移。

4月23日凌晨3时35分，科马罗夫上校乘坐"联盟1号"飞船，在一片欢呼声中从拜科努尔发射场准时发射升空。飞行到第2圈时，他报告说："飞船左边的太阳电池帆板没有打开，电源供电不足，无线电

科马罗夫

短波发射机没有工作。姿态稳定系统也受影响，飞船处于不规则运行之中。"

科马罗夫是苏联的优秀航天员之一，飞行经验丰富。他将飞船的左边朝向太阳，试图打开帆板，但未成功。到了第5圈时，飞船故障进一步加剧，他尽力排除故障，试图启动飞船发动机以稳定飞行，但没有成功。被弄得筋疲力尽的科马罗夫在第10圈时，请求睡一觉。经允许后，中断了与地面的通信联络。这时，地面飞控中心的科学家、工程师们也彻夜不眠，忙个不停。他们一方面密切监视"联盟1号"情况，指挥科马罗夫排除故障，采取紧急措施，另一方面要决定"联盟2号"是否还按计划发射。当时部分人员主张立即下令推迟"联盟2号"飞船的发射，全力抢救"联盟1号"。部分人员则主张飞完第13圈后再说。

"联盟1号"飞到第13圈时，恢复了同地面飞控中心的通信联络。科马罗夫报告说，飞船故障未消失，姿态仍不稳定。飞控中心决定，"联盟2号"中止发射，"联盟1号"立即应急返回。

飞控中心的技术人员制定了三种可能返回的姿态控制及导航方法，经过慎重研究，向科马罗夫发出命令：在第17圈时，用第二种方式返回。但第17圈时，因为调姿失败，未能返回。第19圈时，科马罗夫采取手动控制使飞船进入了返回轨道。当飞船按返回轨道降落至离地面10千米高度，该打开主降落伞时，地面指挥人员却听到了科马罗夫在说："降

人类航天活动

落伞没有打开！"

4月24日6时24分，飞船带着一团火光，以每秒100多米的速度冲向地面，降落于乌拉尔地区奥尔斯克以东65千米处，并发出几声猛烈的爆炸声。

鉴于这次事故的教训，苏联不得不对飞船重新进行审查，并取消了登月飞行计划。经过一年多的改进，才于1968年10月再次发射不载人的"联盟2号"。

◆ "一次成功的失败"

1970年4月11日，美国又一次用"土星V号"运载火箭将"阿波罗13号"飞船发射升空，进行计划中的第三次登月飞行。担任此次飞行任务的航天员是洛弗尔、海斯和斯威加特三人。

当飞船飞行到46小时40分2秒时，航天员发现2号贮氧箱贮量显示压力偏低。

55小时53分时，1号贮氧箱压力偏低，指令舱报警器报警。55小时54分53.3秒时，飞船遥测数据丢失1.8秒，主线电压下降，报警系统报警。差不多就在这个时刻，砰的一声，服务舱中的2号贮氧箱发生爆炸。飞船的报警灯亮了，报警器响了，主线电压继续下降。斯威加特当即向休斯敦飞控中心报告："喂！我们这里出事了。"海斯从登月舱的通道爬到指令舱，看到一些系统的电压已降到零，也立即做了报告。

这些情况都被电视实况转播给了全美国、全世界，使成千上万的人目瞪口呆。无数的美国人为他们祷告。休斯敦飞控中心分析认为，是液氧贮箱爆炸起火使得飞船上的氢氧燃料电池损坏。飞船上的电源出问题，登月已经不可能，而且航天员也处于极端危险之中。他们果断地决定中止登月飞行，利用完好的登月舱立即返回地球。可是，当时飞船离地球已经38万千米，已经越过地球引力界面，飞船正在月球引力作用下往月球飞去。如果要返航，必须有足够大的火箭推力来克服月球引力。登月舱显然难以胜任。休斯敦飞控中心的科学家们经过周密计算，并让地面航空航天员进入登月舱模拟，最后得出了一个最省燃料的返回轨道：飞船继续飞行，绕过月球，再启动登月舱发动机，以进入返回轨道。由于氢氧燃料电池的贮氧箱还担负着飞船生命保障系统氧气和水的供应，因此航天员面临着电能不足、供水供氧困难、环境温度下降的处境。但这三名航天员在地面飞控中心的指挥下，以顽强的意志和毅力以及强烈的求生欲望，战胜了恐惧、寒冷、黑暗和疲劳等困难，与地面飞控中心人员密切配合，积极稳妥地实施着地面制定的救生方案。飞船在茫茫的太空中继续往月球飞去。当距离月球27.6千米时，航天员启动登月舱发动机，工作了30.7秒，飞船进入了环月轨道。

4月15日上午9时41分，在飞船转过月球后，再启动登月舱发动机4.5分钟，飞船进入了返回地球的轨道。登月舱的氧气、水、电越来越少，航天员由于疲劳和恐惧变得越来越烦躁不安。飞控中心指挥员一直和他们保持着联系，鼓励他们，并提醒他们吞服镇静剂。

美国将"阿波罗 13 号"未能登月的消息及时通报给了全世界各国家，并紧急请求有关国家给予救援。包括苏联在内的 13 个国家提供了救援舰船和飞机，布置在美国军舰未能顾及的海域内等候。

4 月 17 日，飞船进入了返回地球大气层的轨道。在进入大气层前，航天员启动 4 个姿态控制火箭，使登月舱推着服务舱向前加速飞行。随后，点燃分离爆炸螺栓，将服务舱分离。紧接着又启动反推火箭，使登月舱离开服务舱一段距离。然后，登月舱的两名航天员回到指令舱，关闭两舱通道，点燃分离爆炸螺栓，将登月舱抛掉。三名航天员终于乘坐指令舱返回了地球，平安地降落到太平洋洋面上。美国总统激动地乘"硫磺岛号"军舰前去迎接。"阿波罗 13 号"飞船登月虽然失败了，但依靠人类的智慧和毅力，奇迹般地将航天员营救回来。所以，航天界称这次飞行是"一次成功的失败"。

航天飞机史上的重大事故 》》

◆ 升空爆炸

1986 年 1 月 28 日美国东部时间 11 时 39 分 12 秒，美国"挑战者号"航天飞机在发射升空后，因助推火箭发生事故而凌空爆炸，舱内七人（六名航天员和一名女教师）全部遇难，直接造成经济损失 12 亿美元。美国的航天飞机因此停飞近三年，"星球大战"计划遭受严重挫折，人类对征服太空的艰巨性有了一个明确的认识。

◆ 返航解体

　　2003 年 2 月 1 日，载有七名航天员的美国"哥伦比亚号"航天飞机在结束了为期 16 天的太空任务之后返回地球，但在着陆前发生意外，航天飞机在高空解体坠毁。当日上午 9 时，也就是在"哥伦比亚号"着陆前 16 分钟，该机突然从雷达中消失。电视图像显示，解体的"哥伦比亚号"在德州的上空划出了数条白色的轨迹。此次在"哥伦比亚号"上遇难的七名航天员分别是：里克·赫兹本德、威廉·迈克库尔、迈克尔·安德森、大卫·布朗、凯尔帕娜·乔拉、劳里尔·克拉克以及以色列人伊兰·拉蒙。

　　"哥伦比亚号"失事原因是外挂燃料箱隔热泡沫脱落。尽管这块泡沫仅 0.77 千克，还是在"哥伦比亚号"左翼防热瓦上砸了个小洞。"哥伦比亚号"带着这个小洞在太空飞行了 16 天后，降落时与大气层摩擦的巨大热量透过这个洞进入机体，引起爆炸。

航天员生活探秘 ≫

◆ 航天员在太空中如何睡觉

　　有的航天员说在太空中睡的是"糊涂觉"，其表现是黑白不分和睡姿奇异。

这"黑白不分"是说航天员在天上绕地球航行，太空日出日落由航天器绕地球一圈的时间而定。有时 24 小时内日出日落交替许多次，航天员无法遵循地球上"日出而作，日落而息"的生活习惯，只好机械地按钟点安排工作和睡觉。而"睡姿奇异"是说航天员在舱内睡觉跟在地球上睡觉是不一样的。因为地面上有重力，而太空中没有重力。首先是找不到"躺"的感觉。在地球重力环境下，人们习惯于把地心引力的方向定为"下"，把"天"的方向定为"上"，也就是人们常说的"脚踩大地，头顶蓝天"。可是到了失重的环境下，人们失去了"上""下"的参照坐标，脚踩不到地，四周全是天，根本分不清上下，因此，睡觉也就没有了"平躺"一说。因为无论站着、躺着，还是趴着，都可以入睡，所以航天员睡觉可以飘在太空舱里睡，挂在墙上睡，绑在床上睡，也可以吊在梁上睡，靠在桌边睡。不过大多数航天员不习惯飘荡着睡，因为一旦从飘浮睡眠中醒来，往往会产生一种掉进万丈深渊的感觉。为了获得安全感，航天员一般都是睡在固定的床上或固定在墙壁上的睡袋里，这样能给人体施加一定的压力，使人消除那种飘飘欲坠的恐慌感。要注意的是，睡觉必须要把睡袋拉紧才行，不然的话，稍不小心就会从睡袋中飞出来。

有人睡觉习惯把手或腿放在被子外面。这在地面上看来是很正常的现象，可是在太空环境里，却是很危险的。太空失重，睡眠中人的四肢会不受躯干支配而四处飘动。一名苏联的航天员有一次把手臂放在睡袋外睡觉，醒来后突然发现有两只大手向他脸上飘来，吓了他一大跳。原来这飘动的两只大手正是他自己的手。吓一跳还是小事，如果航天员睡着后，失控的"自由"之手、"自由"之脚万一无意中碰到了什么开关、什么仪器，那太空舱的安全、航天员的生命可能会成为大问题。所以，在太空中睡觉，手和脚是要放进睡袋里的。还有，睡觉时航天员头顶上要用电扇吹氧气才行，以免因缺氧而窒息。在微风中睡觉，时间长了会受不了，可是又不能关掉电扇。只要一关就会响起警铃，会把所有的人吵醒。

◆ 航天员在太空中如何进食

有科学家介绍说，航天员的菜单很丰富，有 20 种菜可供选择，并没有人们想象的那样难以下咽。不过，太空食品并非一般的蔬菜水果，而是特别加工的"压缩砖"或"牙膏管"，兑上一定比例的水后，能够恢复原形，味道也不错，里面包含了人体需要的所有营养成分。由于在失重的条件下，菜无法像在地面上一样老实地待在盘子里，而是摆在桌子上就飘起来了。因此专家们把太空食品设计成了牙膏式的，吃的时候像挤牙膏一样往嘴巴里挤。

这些食品的营养价值也比较高，蛋白、脂肪含量丰富。据说，航天机构专门有一个部门负责研究太空食品。早餐、午餐、晚餐，每天三顿饭吃什么，如何搭配，都设计得非常科学。

太空餐桌是特制的，它具有磁性，能吸住刀、叉、勺、碗、盘等餐具，桌上装有水冷却器和加热器。吃饭时，航天员必须先把脚固定在地板上，把身体固定在座椅上，以免飘动。面对摆在餐桌上的饭菜，千万不要着急，一定要注意端碗、夹饭、张嘴、咀嚼一连串动作的协调。端碗要轻柔，动作太猛，饭会从碗里飘出去；夹饭、夹菜要果断，夹就要夹准、夹住，最好不要在碗里乱拨拉，以免饭菜飘走，使用叉子效果最好；饭菜夹住后，张嘴要快，闭嘴也要快，因为即使是放到嘴里的食物，不闭嘴它也会飞走；咀嚼时节奏要放慢，细嚼慢咽利于消化，还可以减少体内废气的产生和排泄，避免航天员生活环境的污染。在太空吃饭最忌讳边吃边说，边吃边说会使嘴里嚼碎的食物碎末飞出嘴外，飘在餐厅或生活舱里，航天员稍不注意就会吸进鼻腔，容易呛到肺里发生危险。

尽管太空食品供应充足，花样齐全，营养丰富，但航天员却普遍抱怨在天上吃饭吃不出味道。科学家分析，原因可能不在食品本身，而是太空环境引起航天员的味觉失调。如失重使鼻腔充血，导致味觉神经钝化，或者唾液分泌发生变化影响味觉，或者因为看不到食物的颜色、闻不到食物的气味而影响味觉。

◆ 航天员在太空中如何刷牙、洗脸和剃胡须

由于太空的失重环境，在地球上看似简单的刷牙、洗脸、刮胡子等事情，到了舱内全都变成了复杂和麻烦的事。刷牙时，如果像在地面上那样随心所欲的话，牙膏泡会飞得满舱都是。所以漱完口要注意把水吐在餐巾上，然后把餐巾包好扔掉。刷一次牙可能用3分钟就够了，但是清洗牙刷至少要用10分钟，因为在失重条件下，水都变成了小水珠。航天员大都采取简便的方法刷牙，在手指头上缠一块纱布，蘸上牙膏来回蹭几下，然后用湿毛巾把牙齿擦干净，这牙就算是刷完了。据说，这

种刷牙法还可起到按摩牙龈的作用。至于洗脸，航天员则常常是用一块浸泡着护肤液的湿毛巾擦一擦就行。航天员剃胡须时，使用的是特制的剃须刀。用的时候要十分小心，勿让胡子茬从剃须刀边漏出来。舱内本来就十分狭小，卫生问题显得极为重要。如果细小的胡子茬飘在座舱里，清理起来会十分困难。美国和俄罗斯为航天员准备的特制电动剃须刀，上面带有专门用来吸胡子茬的匣子。

◆ 航天员在太空中如何洗澡

在飞船和空间站也可以洗澡，这一点恐怕是许多人没有想到的。有科学家在接受记者采访时说，尽管舱内空间不足 6 立方米，但仍然可以解决航天员的洗澡问题，因为飞船内有一个单独的用来洗澡的袋子，并且可以淋浴。不过，这些设备使用起来很麻烦。而空间站的洗澡条件明显要比飞船上好一些。航天员洗澡一般是用浸有特制清洁液的毛巾擦擦身，这个方法虽然谈不上彻底解决问题，但也会让人感到挺舒适的。如果想要真正彻底解决问题的话，那入浴的航天员就要把脚套在一个固定的环里，不然飘浮的身体被水一冲会不停地翻跟头。失重状态下的水全是一粒粒的小水珠，很容易呛伤人，甚至呛死人。所以，航天员在洗澡时，要戴上呼吸罩和护目罩。洗完澡后，由于身上的污水不会自动流下来，需要开动水泵连同空气一起抽走，沾在帆布袋上的水也得用水泵抽走，水汽从地板上的许多微孔流入下面的废水箱内，注满后会启动报警，将废水自动送入水处理系统。洗一次澡，如果用 15 分钟，那清理污水和其他准备工作需 45 分钟。

科学家们通过实践的检验，对太空洗浴设施不断进行改进。比如俄罗斯"和平号"空间站的浴室原是一间"桑拿室"，航天员进去后经过一段时间的升温，使身体出汗，然后用湿毛巾擦洗。由于航天员反映

人类航天活动

不方便也不舒服，后来被改成了一个像睡袋一样的装置。航天员洗澡时，袋内有清水和浴液射出，搓洗完毕后，可以打开袋下的抽风机，把脏水抽走。又如美国航天飞机上的浴室是个浴罩，浴罩下部也安有抽风机。航天员洗澡时打开淋浴龙头和抽风机，上面喷水下面抽水，会形成如同地面一样的淋浴效果。

◆ 航天员在太空中如何洗发和理发

　　航天员的洗发液是特制的。因为在太空中不可能有很多的水供给航天员冲洗头发，所以航天员使用的洗发液是免冲型的。这种洗发液96%的成分是从植物中提取的，在失重的状态下能变为十分细小的颗粒。洗头时，它很容易带走头上的污垢。洗完后，用餐巾纸或毛巾一擦，洗发液就被清除得一干二净。用这种太空洗发液洗过的头发，完全不用发胶、摩丝和吹风机，既能显示头发的自然美又特别容易梳理。

　　俄罗斯和美国专家正在为两国航天员准备最新洗漱用品，但是他们在女航天员的化妆品上产生了分歧。俄罗斯专家认为在太空完全没有必要打扮，而美国专家却认为香水、润肤液、口红等都是不可缺少的。

　　在太空理发是一件很不容易的事情，因此航天员在上天之前要尽量把头发理得短些。但是长时间的飞行，头发又会长长，怎么办？如果航天员多的话，就发扬团结互助的精神，一人理发，一人拿着吸尘器吸走剪下的头发。如果是一两个人，那就只能克服一下，回到地面再说了。

失 重

物体由于地心引力而有重量,当同时受其他惯性力(如离心力)的作用时,若是此力恰好抵消地心引力的话,物体就会出现失重现象。科学家们说,航空器进入轨道后会发生失重现象。在失重的条件下,人和动物有暂时动作失调的表现,但是能够适应过来。在载人航空器中的试验证明,人和动物都能够忍受相当长时间的失重。

失重对航天员生活的影响

人长期生活在地面有重力的环境里,一旦进入失重环境,就会感到生活习惯不适应。为了保证航天员顺利生活和工作,科学家们为航天员专门设计了服装、鞋子、食物、用具等。航天员的衣服都是紧身的,因为肥大的衣服会飘浮起来。鞋子是带钩的,这样在失重条件下行走时,能够挂住网格状的地板。食品是块状的,正好一口一块,饮用水用管子通入口中,防止飞起的食物碎屑和水珠被吸入气管。他们在睡觉时要用带子将自己和睡袋固定在某个地方。另外,航空器座舱中的一切物品都是固定的,这样就避免自由飘浮了。

失重对航天员生理的影响

人长期在地面重力场内生活,地球重力吸引血液向下流动。而在失重环境中,血液将重新分配,下肢血量减少,头部血量增多,航天员的收缩压一般比飞行前升高 15～20

人类航天活动

毫米汞柱，平均动脉压升高10~12毫米汞柱，静脉压也上升，舒张压则下降。失重使流体静压梯度消失，中心静脉压和心房压力增加，刺激这些部位的容积感受器官，反射性地引起排尿量增加和水分及血浆量减少。尿中排出的钠和钾离子等成分会有所增加。失重还会引起红细胞减少8%~17%，白细胞增加和免疫功能减退等。在失重环境中，大多数航天员还会发生前庭自主神经反应，引起航天运动病和空间定向障碍，出现恶心、呕吐和眩晕的现象。这种症状常在航天的头一周内发生，随后症状消失，但有时也会持续很长时间。在失重环境中，人体骨骼受力减少，时间一久，肌肉萎缩，骨骼也会变得松脆。失重会引起骨骼内钙和磷盐的丧失，使航天员返回地面后变得软弱无力，需要一定的时间进行恢复。

◆ 航天员在太空中如何"方便"

在太空飞行中，航天员大小便也"别具一格"。舱内或空间站内设置了带拉链橡皮帘子的卫生间，尿盆是真空的，抽水便桶和塑料套相连接，大便后迅速闭上橡皮阀，粪便将落入不透气的橡皮袋内，进入塑料集装箱。舱内的垃圾也是装入该集装箱的，待其满了后，会被弹入大气层自动烧毁。有专家认为，在空间站的生活设施方面，俄罗斯有不少东西比美国的先进。例如使用美国马桶时要用皮带把人拴在上面，而用俄罗斯的马桶，只需把双脚伸到一个固定环里就可以了。俄罗斯空间站还有空气和水的还原系统，可以把尿变成水，再把水变成氧气。

首位在太空中行走的中国人 〉〉

2008年9月27日16时34分,中国"神舟七号"在发射升空43小时后,接到开舱指令,中国航天员的首次舱外活动开始了。此时,飞船正位于南大西洋的上空。这一刻,全中国的目光都锁定在距地面343千米高度的"神舟七号"。

16时35分12秒,就见舱门轻轻开启。接着,一名航天员把红色的安全系绳挂钩挂在飞船舱外的出舱扶手上,之后,他像从水中慢慢上浮的潜水员,头先脚后地出现在太空之中。他右臂上那红色的"飞天"二字清晰可见。他在报告:"'神舟七号'向全国人民、向全世界人民问好!请祖国放心,我们坚决完成任务!"这时,他从留在轨道舱内的那名航天员手中接过了一面国旗挥舞了起来。这时的太空成为他一个人的舞台。与其说他是在"行走",不如说他是在"飘移",他用两只手交替抓着飞船舱外的扶手,支持身体缓缓"游"动。他取下了安装在飞船轨道舱壁的固体润滑材料试验装置后,交给留在轨道舱内的另一名航天员。此时,他的左腿与白色电脐带发生了缠绕,他冷静地调整双腿位置,缓缓摆脱了缠绕。经过了19分35秒的行走,也是与飞船一起飞过了9165千米以后,他脚先头后,缓缓进舱,飞船通向太空的舱门关闭上了。

2008年9月28日,"神舟七号"成功返回地球。人们记住了这位第一个在太空中行走的中国航天员的名字,他叫翟志刚。他于1966年10月出生在黑龙江省齐齐哈尔市龙江县龙江镇一个农民的家庭,1985年6月入伍,曾任空军试训中心某团的飞行教员,安全飞行上千小时。1998年1月,他正式成为我国首批航天员队伍中的一员。经过多年的学习和训练,他完成了基础理论、航天环境适应性、专业技术等八大类

人类航天活动

几十个科目的训练任务，以优异的成绩通过航天员专业技术综合考核。如今，他成为世界上第 354 名出舱行走的航天员，他以自己的一小步，迈开了中国人太空事业的历史性一大步。中国从此成为世界上继苏联、美国之后的第三个独立掌握空间出舱技术的国家。